KB244048

레시피팩토리는 행복 레시피를
만드는 감성 공작소입니다.
레시피팩토리는 모호함으로 가득한
세상 속에서 당신의 작은 행복을 위한
간결한 레시피가 되겠습니다.

병 속에 담긴
사계절

요리연구가 방영아 지음

레시피팩토리

Prologue

어머니와의 추억이 담긴 병 속 저장식들, 저도 엄마가 되어 만들기 시작했어요

어릴 적 어머니는 사계절 내내 그 계절에 흔한 제철 재료들을 이용해 달콤한 잼이나 차,
청, 장아찌 등을 참 많이 만드셨습니다. 특히 어머니가 잼을 만들기 위해 커다란 소쿠리 가득
과일들을 담아 놓고 손질을 시작하시면, 전 그 옆에 앉아 과일들을 슬금슬금 집어
먹었던 기억이 떠오르네요. 온 집안에 풍겼던 달콤한 잼 냄새, 꼭 엄마 냄새 같아서
부엌을 들락날락 거리면서 완성되기를 기다렸던 시간들, 그렇게 만들어진 잼을
식탁에서 만날 때면 엄마의 정성이 느껴져서인지 더 친근하고 맛있었어요.
어머니가 계절마다 담그셨던 병 속 저장식들을 저도 엄마가 된 후부터 조금씩 만들기
시작했습니다. 제 아들이 어릴 적 저처럼 호기심 가득한 얼굴로 부엌에 들락날락 거리며
무엇을 만드는지 궁금해 하면 친절하게 가르쳐 주기도 하고, 함께 잼, 피클 등을 만들기도 하지요.

지난 사계절 내내 자식을 돌보듯 이 책의 저장식을 만들고 살폈습니다

〈병 속에 담긴 사계절〉은 제가 어머니에게 배운 노하우는 물론 요리연구가로 20년간 일하면서
터득한 각종 홈메이드 저장식 레시피 99가지를 소개한 책입니다. 맛과 향, 영양이 최고로 좋은
제철 재료를 활용하기 위해 저는 지난 1년에 걸쳐 저장식들을 모두 다시 만들었고, 변화를 철저히
체크했고, 맛을 꼼꼼히 점검했습니다. 계절마다 완성 사진부터 과정 사진까지 꾸준히 촬영을
진행했고, 레시피에 빠짐없이 기록하기도 했습니다. 자식을 돌보듯 참 정성껏 만든 것 같아요.
계절마다 담근 알록달록 다양한 색깔의 병 속 저장식들은 집에서 가장 시원한 베란다 한 쪽을
차지하며 제 음식 저장 창고가 되어 갔습니다. 만든 후 7~10일이 지나면 먹을 수 있는 피클이나
김치 등은 금방 식탁을 가득 채워 주어 좋았고, 몇 달을 기다려야 먹을 수 있는 장아찌나 발효액,
술들은 발효되는 동안 어떻게 변화되는지, 또 나중에 어떻게 음식에 활용할지 기대할 수 있어
참 즐거웠습니다. 다양한 종류의 채소나 과일 병조림은 메인 요리의 소스, 음료, 드레싱 등에
적절하게 잘 활용할 수 있어 뿌듯했습니다.
요즘은 계절을 잊은 재료들이 마트나 백화점 식품 코너에 사시사철 가득 있기는 하지만,
그래도 그 시기가 아니면 안되는 제철 재료들을 구입해서 저장 창고에 보관하는 일은 원래

제가 계절마다 하는 중요한 일들이었고, 주변의 지인들과 그 음식들을 나누는 일은 나름의
기쁨이었습니다. 식품 첨가물이나 방부제 등 몸에 해로운 것은 넣지 않고, 최상의 재료들을 선택해
직접 만든 저장식들이 맛있게 익어가는 것을 보고 있자면 기다림의 미학도 때론 즐거운 일이 될 수
있음을 느끼기도 했습니다.

제철 재료가 풍부한 봄, 저는 다 먹은 빈 병을 정리하며 다시 저장식을 준비합니다

이제 열 살이 된 아들은 요리하는 엄마를 두어서 인지 먹는 것을 좋아하고, 또 요리 만드는 것도
아주 좋아한답니다. 남편도 마찬가지이지요. 이들에게 오랜 시간 정성 들여 만든 저장식들을
활용해 식탁을 꾸미는 것은 저의 일상입니다. 날짜별로 체크되어 있는 저장 창고 병 속 음식들을
하나씩 꺼내 요리에 활용하는 것은 큰 즐거움이지요. 이제 겨울도 거의 끝나가고 봄이
스멀스멀 다가오고 있네요. 봄은 병 속에 넣어 만들 수 있는 식재료들이 더욱 풍부해서
제기 시계절 중 가장 기다리는 계절이기도 합니다. 저는 빌써 빈 병들을 정리하며 새롭게 만들
저장식들의 재료들을 고민하고 있어요.
혹 지금까지 저장식을 만들고 싶어도 실패해서 많은 재료를 버리게 될까봐 주저했던 분들이 있다면
부디 이 책이 탄탄한 길잡이가 되었으면 하는 바람을 가져봅니다. 결코 어렵지 않습니다.
여기 소개된 방법대로 하나하나 따라 하고 차분하게 기다리면서 돌본다면, 정말 멋진 저장식이
완성될 겁니다. 새봄, 저와 함께 새로운 도전을 시작해 보시면 어떨까요?
이 책을 마무리하다보니 감사한 분들이 떠오르네요. 먼저 제게 요리의 기본을 물려주신 어머니와
사랑하는 남편, 그리고 아들 데조로에게 깊은 감사를 전하고 싶습니다. 또 저장식을 만들어
테스트할 때 가장 많이 먹어주고 평가해준 가족과 제자들에게도 고마운 마음을 전합니다.
마지막으로 지난 1년간 이 책을 함께 만들고 훌륭하게 숙성시켜준 레시피팩토리 가족들에게도
진심으로 감사드립니다.

요리연구가 방영아

Contents

Chapter 1
달지 않고 과육이 살아있는

잼
마멀레이드
병조림
절임차

Chapter 2
다양한 부재료와 향신채로 맛을 살린

피클
장아찌
짠지
저염 김치
젓갈
장

Chapter 3
기다릴수록 맛있어지는

발효액
청
식초
술

Chapter 4
시판 제품이 부럽지 않은

소스
시럽
조미료

Basic
Guide

건강한 제철 재료들을 병 속에 담아

사계절 내내 맛있게 즐기기 위해

꼭 알아야 할 정보들을 담았습니다.

이 책에서 사용한 기본 도구들과

조금 낯선 재료들을 소개하고,

재료 손질법도 자세히 알려 드립니다.

안전하게 보관하는 중요 포인트인

유리병 소독법과 고르는 법,

언제 만들어 병 속에 담아야 할지 체크하는

제철 재료표도 실었습니다.

Q&A 홈메이드 저장식, 이것이 궁금해요! 에서는

비슷한 듯 다른 메뉴들의 차이점이나 만들면서

생길법한 궁금증에 대해 소개하고,

실패하기 쉬운 포인트들을 짚어드립니다.

레시피를 따라 하기 전에 꼭 읽어보세요

이 책에는 집에서 만들어 병 속에 보관하고 먹을 수 있는 99가지 레시피가 소개되어 있습니다.
레시피를 따라 하기 전에 레시피의 구성 요소들을 확인하고 똑똑하게 활용해 보세요.

1 과정의 흐름이 한눈에 보이는 아이콘

재료 준비는 물론 만들기, 발효, 숙성 등 전체 과정의 흐름을 한눈에 알아볼 수 있도록 아이콘으로 표시했습니다.
오랜 시간 만드는 레시피들은 아이콘에 완료된 작업을 표시해두면 편리합니다.

2 새롭고 다양한 활용법

잼으로 음료를 만들거나 절임차로 드레싱을 만드는 방법 등 새롭고 다양한 활용법은 물론, 발효액과 소스 등 낯선 저장식들의 알찬 활용법도 알려 드립니다.

3 상태를 자세히 확인할 수 있는 과정 사진

조리, 발효, 숙성 등 기간에 따라 시시각각 변하는 모습을 정확히 확인할 수 있도록 큼직한 과정 사진으로 자세히 보여 드립니다.

4 중요 포인트를 알려주는 깨알 팁

요리할 때 실수하기 쉬운 포인트를 짚어주고, 생소한 과정의 숨은 뜻과 잊지 말아야 할 중요 과정들을 깨알 팁으로 콕 찍어 드립니다.
재료 고르기부터 레시피의 활용도를 높이는 재료 대체법 등 이 책을 더 알차게 활용할 수 있도록 유용한 팁도 담았습니다.

5 제철, 조리 시간, 보관 기간, 완성량

각 레시피에는 재료의 제철, 조리 시간과 보관 기간, 완성량을 적었습니다. 더 넉넉히 만들고 싶다면 그대로 2~3배로 늘리되 불로 조리하는 경우 상태를 확인하면서 조리하세요.

홈메이드 저장식을 만들기 전에 꼭 알아두세요

사계절 내내 즐기는 홈메이드 저장식들은 재료 손질부터 완성까지 긴 시간과 정성이 필요합니다.
사소해 보이지만 중요한 과정들을 꼭 지켜 만들어야 실패없이 제대로 만들 수 있어요.

1
귤, 오렌지 등 감귤류 소금으로 씻기

껍질이 울퉁불퉁한 감귤류는 만들기 전 소금으로 박박 문질러 껍질 사이의 불순물을 제거하고 물에 깨끗이 씻은 후 물기를 완전히 없애고 만들어야 해요. 껍질까지 모두 넣고 만드는 경우 특히 철저하게 씻도록 하고, 가급적 유기농 과일을 사용하면 좋습니다.

2
모과, 레몬 등 껍질이 미끄러운 과일은 베이킹 소다물에 담그기

껍질이 미끄러운 과일들은 베이킹 소다물(잠길 만큼의 물 + 베이킹 소다 약간)에 10분 정도 담가두면 물로 잘 제거되지 않는 미세한 불순물들을 깨끗이 씻을 수 있어요.

3
자체에 수분량이 적은 재료들은 물에 담갔다가 사용하기

표고버섯, 취나물, 단단한 과일 등 재료 자체에 수분 함량이 적은 재료들은 만들기 전 10분 정도 물에 담가두세요. 재료가 수분을 충분히 흡수하면 발효액이나 청을 만들 때 완성량이 많아지고 농도가 진해져 발효도 잘 된답니다.

4
설탕에 재우는 재료들은 설탕이 다 녹을 때까지 반복하여 섞어주기

재료를 설탕에 재우는 레시피들은 재료 위쪽의 설탕이 반 정도 녹으면 설탕이 골고루 녹도록 하루에 한 번씩 위아래로 섞으세요. 가라앉는 설탕이 더 이상 없을 때까지 섞어야 해요. 단, 설탕의 녹는 속도는 계절과 환경에 따라 조금씩 다르니 수시로 상태를 확인하세요.

5
발효액, 절임차, 청 등은 절임물에 재료가 푹 잠기도록 눌러주기

숙성, 발효 시 절임물에 재료가 완전히 잠기지 않으면 곰팡이가 생기거나 부패할 수 있어요. 위로 떠올라 잘 잠기지 않는 재료들은 컵이나 깨끗이 세척한 돌 등으로 눌러 완전히 잠기게 하세요.

유리병 소독하기

열탕 소독

가장 안전한 소독법. 가열하지 않는 식재료, 장기간 보관하는 저장식을
보관할 때 좋다.

1 유리병과 뚜껑을 깨끗하게 세척한다.

2 냄비에 유리병을 옆으로 눕혀 넣고 잠길 정도의 찬물을 부어
중간 불로 가열한다.
★ 유리는 온도 변화에 민감하니 찬물에 넣고 서서히 끓인다.

3 물이 끓기 시작하면 중약 불로 줄인 후 10분간 끓인다.
★ 유리병이 완전히 잠기지 않을 때는 용기에 끓는 물이 골고루
닿도록 집게로 굴리거나 뒤엎는다.

4 집게로 병을 건진 후 깨끗한 마른 행주 또는 키친타월에
바로 세워 완전히 말린다. 뚜껑의 물기도 완전히 제거한다.

알코올 소독

냄비에 소독할 수 없는 큰 병을 소독하는 방법. 알코올 도수가
높은(35도 이상) 증류주나 식품용 알코올을 사용한다.

1 유리병과 뚜껑을 깨끗하게 세척한 후 완전히 말린다.

2 키친타월에 알코올을 충분히 적신 후 유리병 내부와 외부, 뚜껑을
골고루 닦는다. 키친타월에 바로 세워 완전히 말린다.

3 입구가 좁은 유리병 내부는 알코올을 적당량 넣고 충분히 위아래로
흔들어 소독한다. 키친타월에 바로 세워 완전히 말린다.

오븐 소독

가열한 식재료, 단기간 보관하는 저장식을 보관할 때 좋다.
유리병은 고온에서 사용 가능한 내열 유리병으로 준비하고,
금속 재질로 된 뚜껑은 따로 소독한다.

1 유리병과 뚜껑을 깨끗하게 세척한 후 완전히 말린다.

2 110℃로 예열한 오븐에 유리병을 넣고 25~30분간 가열한다.

3 키친타월에 바로 세워 완전히 식힌다.

유리병 속 공기 빼기

잼이나 병조림 등 가열하여 만든 메뉴를 좀 더 오래 보관할 때 좋다.
병 속에 공기가 남아있으면 산화가 진행되어 재료가 쉽게
변질될 수 있으니 재료를 담은 후 공기를 빼주면 좋다.

1 유리병에 재료를 담고 뚜껑을 느슨하게 닫는다.

2 냄비에 유리병을 담고 병의 1/7높이까지 찬물을 채운다.
   약한 불로 가열하여 25~30분간 끓인다.

3 유리병을 꺼내 뚜껑을 꼭 닫은 후 거꾸로 5분간 세워두었다가
   다시 바로 세워 보관한다.

2

3

재료별 유리병 선택하기

입구가 넓은 원통형 유리병

재료의 덩어리가 큰 잼이나 병조림,
숟가락으로 떠서 사용하는 절임차,
홈메이드 조미료 등에 사용한다.
놀려서 여는 누껑, 고무 패킹이 된 누껑이
확실하게 밀폐되어 좋다.

입구가 좁고 긴 병

순수 액체 재료만으로 된 발효액, 청, 식초,
술 등에 사용한다. 입구가 좁아 조금씩 따라
사용하기 편리하다. 고무나 코르크로 된
누껑이 부식되지 않아 좋다.

플라스틱 또는 클립 뚜껑 병

뚜껑을 열고 닫기 쉬운 반면 완전히 밀폐되지
않아 단기간 보관해도 되는 소스나 절임류
등에 사용한다. 뚜껑에 고무 패킹이 되어 있는
것을 골라야 보관할 때 저장성이 좋다.

통후추

치자

페페론치노

월계수 잎

말린 허브

딜

바질

파슬리

민트   통계피   바닐라 에센스

기본 재료 & 낯선 재료 알아보기

설탕 단맛과 윤기를 주고 보존성을 높이는 재료로 이 책에서는
흰설탕, 황설탕을 사용했다. 발효액, 청, 절임차 등을 만들 때
설탕과 재료를 섞어두면 삼투압 현상으로 재료 속의 영양분과
즙이 빠져 나와 응축된다.

소금 짠맛을 주고 절이거나 밑간을 할 때 주로 사용한다. 이 책에서는
천일염을 사용했다. 소금의 삼투압 현상으로 재료 속의 수분이
빠져나가 맛이 응축되며, 미생물의 침입과 번식을 억제해
부패를 막고 보관성을 높인다.

식초 신맛을 주고 보관성을 높이는 재료로 이 책에서는 양조식초를
사용했다. 식초는 세균의 번식을 억제하고 부패를 막는
천연 방부제로, 곡물 식초, 과일 식초로 대체 가능하나
식초의 종류에 따라 산미와 향이 조금씩 달라질 수 있다.

간장 짠맛, 감칠맛을 내는 주요 재료로 이 책에서는 양조간장을
사용했다. 간장의 주재료는 콩과 소금물로, 콩이 미생물에 의해
발효되면서 특유의 맛과 향이 나서 재료에 감칠맛을 내고 염도가
높아 방부 효과가 탁월하다.

레몬즙 산미를 주고 과일의 색상을 더욱 선명하게 하는 효과가
있으며, 재료 본연의 향을 이끌어내는 역할을 한다. 잼을 만들 때
재료에 들어있는 펙틴 성분의 응고를 도와 농도를 조절한다.

바닐라 에센스 달콤한 향이 특징이며 열매 속에 든 바닐라 씨를
알코올에 담가 만든 것이다.

향신료 & 허브
통계피 육계나무 껍질을 말려서 만든다. 달짝지근하면서도 톡 쏘는
특유의 향이 있다. 병조림이나 피클을 만들 때 넣어 향을 더한다.
페페론치노 이탈리아의 레드 칠리를 말린 것으로 매운맛이 강한
고추이다. 주로 소스나 피클을 만들 때 사용한다.
통후추 방부 효과가 있어 피클, 소스 등에 골고루 사용한다.
월계수 잎 알싸하고 향긋한 향이 있다. 피클을 만들 때 넣어 향을
냈고, 소스를 만들 때 넣어 잡내를 잡았다.
말린 오레가노 & 타임 & 로즈마리 톡 쏘는 상큼한 향이 있으며
살균, 방부효과가 있는 허브들이다. 피클이나 소스를 만들 때 넣어
보관성을 높이고, 이국적인 풍미를 낸다.
바질 상큼한 향을 내고 달큰한 맛이 있는 허브이다.
생으로 갈아서 페스토를 만들거나 다져서 소스에 넣는다.
딜 & 민트 독특한 향이 있는 허브로 식초나 기름에 담궈 두면
은은한 향이 배어 난다. 잎과 줄기 모두 사용이 가능하다.
파슬리 잎은 다져서 사용하고 줄기는 잡내를 제거하는 데 사용한다.
치자 치자나무 열매를 말린 것으로 재료에 노란색을 들이는
천연 색소 역할을 한다.

기본 도구 알아보기

계량스푼, 계량컵, 저울 소량의 액체, 가루 재료를 계량할 때는
계량스푼, 50g(50㎖) 이상의 재료를 계량할 때는 계량컵을
사용한다. 큰 용량은 그램(g) 단위로 잴 수 있는 디지털 저울이
편리하다. ★ 이 책에서는 1컵=200㎖의 한국식 계량컵 사용

냄비 잼이나 병조림 등 오래 끓여야 하는 메뉴들을 만들 때는
쉽게 타지 않도록 바닥이 두꺼운 무쇠나 스테인리스 냄비를
사용한다. 산과 염분에 강한 피클물이나 장아찌 양념, 소스 등은
살짝 데우는 것이니 법랑이나 스테인리스 재질을 선택하되
끓인 국물을 병에 부어야 하니 편수(손잡이가 하나인 것) 냄비를
사용하는 것이 편하다. 알루미늄 냄비는 산에 부식될 수 있으니
주의한다.

밀폐용기, 밀폐유리병 뚜껑의 밀폐가 확실하고 열에 강한 내열
유리병을 사용한다. 잼, 피클, 장아찌 등은 입구가 넓은 유리병을,
청, 식초, 술 등의 액체 재료는 입구가 좁은 유리병에 담아
보관하면 좋다. 산과 염분이 많이 든 저장식을 담을 때는 뚜껑이
내용물과 접촉해도 부식되지 않는 플라스틱 재질로 만든 것을
고른다.

볼 주로 재료를 섞거나 재울 때 사용한다.
산과 열에 강한 스테인리스 또는 내열 유리 소재가 좋다.

나무 주걱, 실리콘 주걱 주로 재료를 조리거나 끓일 때
사용하므로 내열성이 좋은 제품을 고른다. 실리콘 주걱은 볼에
남아있는 재료를 깨끗하게 긁어 모을 수 있어 편리하다.

체 큰 체는 재료의 물기를 제거하고 조리 후 과육과 과즙을
분리할 때 사용한다. 작은 체는 조리 시 생기는 거품이나
불순물을 걷어낼 때 사용하면 좋다.

푸드프로세서 재료를 잘게 다지거나 페이스트, 소스를 만들 때
사용한다. 날은 스테인리스 소재로 분리와 세척이 편리한 것을
고른다.

깔때기, 국자 입구가 좁은 유리병에 저장식을 담을 때 사용하면
편리하다. 깔때기의 입구가 너무 좁으면 과육이 있는 제품을
넣을 때 막힐 수 있으니 주의한다. 재료를 담기 전 끓는 물에
소독한 후 사용하면 위생적이다.

홈메이드 저장식 제철 재료표

재료를 구할 수 있는 시기
가장 맛있고 신선한 제철

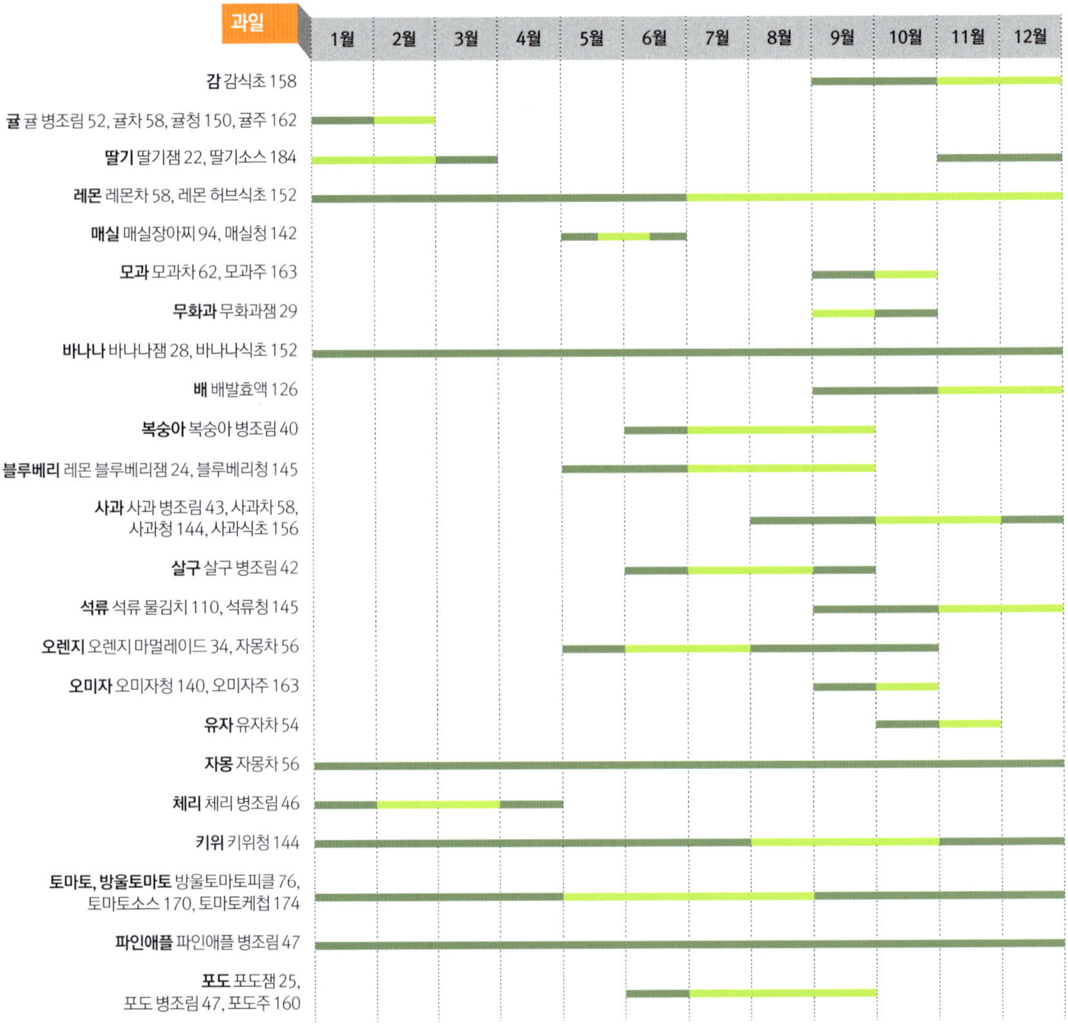

과일

	1월	2월	3월	4월	5월	6월	7월	8월	9월	10월	11월	12월
감 감식초 158												
귤 귤 병조림 52, 귤차 58, 귤청 150, 귤주 162												
딸기 딸기잼 22, 딸기소스 184												
레몬 레몬차 58, 레몬 허브식초 152												
매실 매실장아찌 94, 매실청 142												
모과 모과차 62, 모과주 163												
무화과 무화과잼 29												
바나나 바나나잼 28, 바나나식초 152												
배 배발효액 126												
복숭아 복숭아 병조림 40												
블루베리 레몬 블루베리잼 24, 블루베리청 145												
사과 사과 병조림 43, 사과차 58, 사과청 144, 사과식초 156												
살구 살구 병조림 42												
석류 석류 물김치 110, 석류청 145												
오렌지 오렌지 마멀레이드 34, 자몽차 56												
오미자 오미자청 140, 오미자주 163												
유자 유자차 54												
자몽 자몽차 56												
체리 체리 병조림 46												
키위 키위청 144												
토마토, 방울토마토 방울토마토피클 76, 토마토소스 170, 토마토케첩 174												
파인애플 파인애플 병조림 47												
포도 포도잼 25, 포도 병조림 47, 포도주 160												

어패류

	1월	2월	3월	4월	5월	6월	7월	8월	9월	10월	11월	12월
굴 굴젓 112, 굴소스 178												
게 간장게장 115												
대하 대하장 114												
전복 전복장 114												

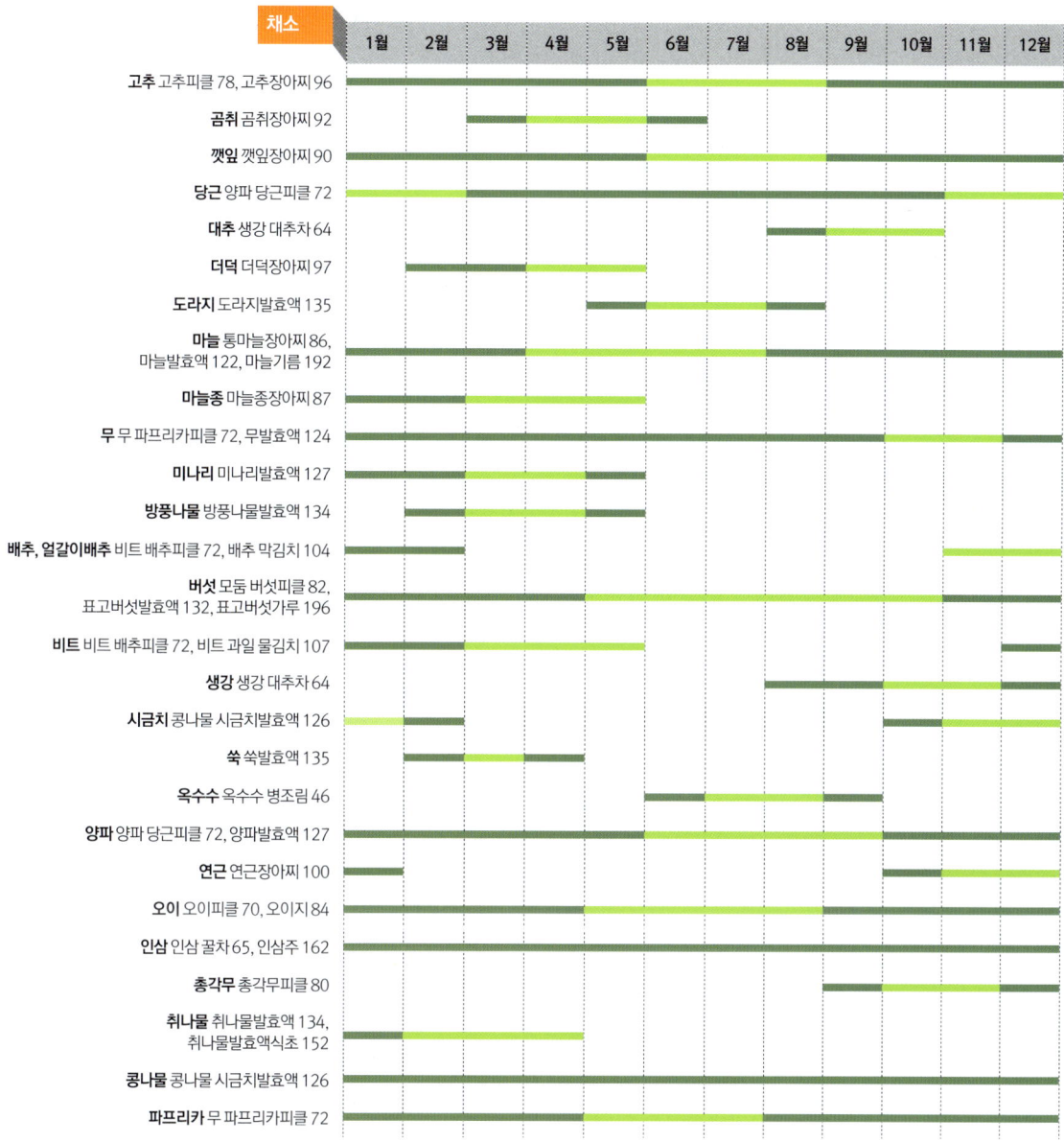

채소	1월	2월	3월	4월	5월	6월	7월	8월	9월	10월	11월	12월
고추 고추피클 78, 고추장아찌 96												
곰취 곰취장아찌 92												
깻잎 깻잎장아찌 90												
당근 양파 당근피클 72												
대추 생강 대추차 64												
더덕 더덕장아찌 97												
도라지 도라지발효액 135												
마늘 통마늘장아찌 86, 마늘발효액 122, 마늘기름 192												
마늘종 마늘종장아찌 87												
무 무 파프리카피클 72, 무발효액 124												
미나리 미나리발효액 127												
방풍나물 방풍나물발효액 134												
배추, 얼갈이배추 비트 배추피클 72, 배추 막김치 104												
버섯 모둠 버섯피클 82, 표고버섯발효액 132, 표고버섯가루 196												
비트 비트 배추피클 72, 비트 과일 물김치 107												
생강 생강 대추차 64												
시금치 콩나물 시금치발효액 126												
쑥 쑥발효액 135												
옥수수 옥수수 병조림 46												
양파 양파 당근피클 72, 양파발효액 127												
연근 연근장아찌 100												
오이 오이피클 70, 오이지 84												
인삼 인삼 꿀차 65, 인삼주 162												
총각무 총각무피클 80												
취나물 취나물발효액 134, 취나물발효액식초 152												
콩나물 콩나물 시금치발효액 126												
파프리카 무 파프리카피클 72												

견과류	1월	2월	3월	4월	5월	6월	7월	8월	9월	10월	11월	12월
밤 밤잼 32												
잣 바질페스토 172, 약고추장 188, 쌈장 188												
땅콩 땅콩잼 36												

생땅콩

Q&A 홈메이드 저장식, 이것이 궁금해요!

Q 잼을 만들 때 펙틴을 넣지 않아도 되나요?

과일을 이용하여 잼을 만들 때는 펙틴 성분이 있는 과일을 골라서 만들면 펙틴을 따로 넣지 않아도
설탕을 넣고 오랜 시간 동안 졸여 잼을 만들 수 있어요. 레몬즙을 넣으면 과일에 들어있는 펙틴 성분의
작용을 도와 졸이는 시간을 단축할 수 있고, 잼에 새콤한 맛과 향을 더해줘 풍미가 더욱 좋아져요.

Q 잼과 병조림의 차이점은 무엇인가요?

잼은 과일, 채소 등을 설탕과 함께 가열하여 걸쭉하게 만든 것이고 병조림은 재료를 통째로 또는
적당한 크기로 썰어 설탕시럽에 조려서 만든 것이에요. 잼은 과육의 입자가 작아 빵, 비스킷 등에
발라먹기 좋고 병조림은 팬케이크, 디저트 등에 곁들여 먹기 좋아요.

Q 병조림 메뉴만의 장점이 있나요?

병조림의 가장 큰 장점은 제철에 나는 신선한 재료들을 설탕을 이용해 제철이 아닌 시기에도
먹을 수 있도록 보관성을 좋게 한다는 점입니다. 특히 제철이 짧은 과일을 병조림으로 즐기면
편리하지요. 또한 베이킹이나 다양한 디저트에 소스와 곁들임 과일로 활용해도 좋아요.

Q 절임차와 청은 만드는 방법이 비슷한데 그 차이점은 무엇인가요?

절임차는 과일, 채소 등을 설탕에 재운 후 과육과 액을 물에 희석하여 먹는 것이에요. 청은 재료를
설탕에 재운 후 건더기는 걸러내고 액만 따로 보관합니다. 설탕의 삼투압효과로 재료의 수분이
빠져 나와 맛과 향이 진하게 농축되며, 달콤한 맛이 특징인 것이 비슷하지만 청은 액만 따로 걸러
보관하므로 절임차보다 보관기간이 길고, 숙성의 단계를 거친다는 것이 달라요.

Q 병조림이나 청, 발효액에 곰팡이가 피었다면 어떻게 처리해야 하나요?

재료와 설탕의 비율이 맞지 않으면 곰팡이가 필 수 있어요. 병조림, 청, 발효액을 만들 때는 레시피에
적힌 설탕의 양을 꼭 맞춰서 넣으세요. 그래야 설탕과 재료가 잘 어우러져 설탕물이 부족해서 생기는
곰팡이를 막을 수 있답니다. 청이나 발효액을 만들면서 위에 곰팡이가 생긴다면 걷어낸 후 계속
숙성시켜도 괜찮습니다.

Q 발효액은 무엇인가요?

발효액은 재료를 설탕에 재운 후 자연 발효시켜 만든 것으로 '효소'라고도 불려요. 재료를 설탕에
절이면 삼투압 현상으로 재료의 영양소와 수분이 빠져나오고 이 액체가 장기간 미생물에 의해
발효되면서 발효액이 만들어진답니다. 발효액은 우리 몸에 좋은 유효 성분들로, 소화뿐 아니라
신진대사를 촉진하여 에너지를 만들고 인체의 모든 화학작용에 꼭 필요한 성분이에요.

Q 청과 발효액의 영양학적 차이점은 무엇인가요?

청은 주재료를 발효하고 숙성시키는 시간이 발효액보다 짧기 때문에 재료의 신선한 맛을 즐길 수 있고
건더기도 사용할 수 있다는 장점이 있어요. 발효액은 주재료를 설탕과 함께 섞어 6개월 정도 길게
발효시킨 다음 액만 걸러 다시 병에 담아 6개월 정도 발효, 숙성시키기 때문에 재료의 깊은 맛이 나고
영양학적으로도 분해 효소가 많이 생기므로 약용으로 활용하기도 하지요.

Q 피클은 무엇을 뜻하나요?

피클은 채소나 과일에 식초, 설탕, 향신료 등을 넣고 만든 저장식품이에요. 산도를 높여 미생물 번식을
억제시키는 살균효과를 이용해 만들어요. 피클은 다양한 향신료로 맛과 향을 더하는 것이 특징이에요.

Q 장아찌와 피클을 만들 때 절임액을 다시 끓여 넣는 이유는 무엇인가요?

장아찌와 피클의 저장성을 좋게 하기 위해서입니다. 장아찌와 피클의 절임액은 처음에는 끓여서
뜨거울 때 부어야 식재료의 아삭한 식감을 살릴 수 있어요. 두 번째부터는 절임액만 따로 바글바글
끓이면 되고 다시 붓기 전에는 반드시 완전히 식힌 후 부어야 저장성을 높일 수 있어요.

Q 장아찌와 짠지가 다른 메뉴인가요?

장아찌는 장을 의미하는 '장아'와 짜게 절인 채소를 의미하는 '찌'의 합성어로, 간장, 고추장, 소금,
식초 등에 절여서 만들어요. 장아찌는 오랜 시간 저장이 가능한 대표적인 저장 식품이랍니다.
짠지는 무를 소금에 절여 만든 것을 부르는 말로 대표적인 메뉴로 단무지, 무짠지, 김치 등이 있어요.

잼, 마멀레이드
병조림,
절임차

Chapter 1

맛과 향, 영양이 가장 좋은 제철 과일에, 보존성을
고려한 최소한의 설탕을 더해 만들었습니다.

**잼과 마멀레이드_과육에 설탕, 레몬즙 등을 더해 뭉근하게 끓여
걸쭉하게 만든 것**

조리 시 타지 않도록 하는 것이 중요합니다. 밑바닥이 두꺼운
스테인리스나 무쇠 냄비로, 불세기는 중간 불이나 중약 불로 해서,
가끔씩 저어주면서 뭉근히 졸이세요. 종류에 따라 냉장실에 보관하면
단단해지는 것이 있는데 먹기 직전에 따뜻한 물에 병째 담가 중탕으로
녹이면 부드러워져요. 빵에 발라 먹거나 요구르트에 타서 드세요.

**병조림_과육에 설탕을 더해 살짝 가열해 맛과 모양이 좀 더 오래
유지되도록 만든 것**

너무 오래 끓여 과일이 뭉그러지지 않도록 하는 것이 중요해요.
정확한 양의 설탕을 넣어야 저장하는 동안 곰팡이가 생기기
않는답니다. 그대로 먹어도 맛있고, 고기요리나 디저트에 곁들여도
잘 어울려요. 스무디나 에이드를 만들어도 좋아요.

절임차_과일을 설탕에 절여 맛과 향을 우러나게 한 것

3~4개월 정도 두어 설탕이 완전히 녹아 과당으로 변한 후 차로 마시는
것이 좋아요. 따뜻한 물에 타서 마셔도 좋고, 차가운 물이나 탄산수에
섞어 시원하게 마셔도 잘 어울려요. 보다 진한 향을 즐기고 싶다면
물에 차를 넣고 살짝 끓이세요.

딸기 잼

- 딸기 1kg(중간 크기, 50개)
- 설탕 600g(4컵)
- 레몬즙 3큰술

준비 1 딸기는 흐르는 물에 깨끗이 씻고 꼭지를 떼어 체에 밭쳐 물기를 뺀다. 크기가 큰 딸기는 2등분한다.

만들기 2 두꺼운 냄비에 딸기와 설탕을 켜켜이 담고 설탕이 녹을 때까지 1시간 정도 실온에 둔다.

3 ②에 레몬즙을 넣고 센 불에서 끓인다. 바글바글 끓어오르면 중약 불로 줄인다.

4 1시간 35분간 가끔씩 저어가며 끓인다. 이때 과육이 뭉그러지지 않도록 가끔씩 가볍게 젓는다.

5 걸쭉한 농도가 되면 찬물에 잼을 한 방울 떨어뜨린다. 물에서 퍼지지 않는지 확인한 후 한 김 식힌다.

보관 밀폐용기에 담아 냉장 보관한다.

1

2

딸기와 설탕을 켜켜이 넣고 자연스럽게 녹인 후 끓이면 잼이 타는 것을 막을 수 있어요

3

4

끓기 시작하면서 생기는 거품을 걷어내야 깔끔한 맛의 잼이 만들어져요

5

레몬 블루베리잼 26P

포도잼 27P

레몬 블루베리잼

- 블루베리 500g
- 레몬 1개(100g)
- 설탕 300g(2컵)
- 베이킹 소다 약간(세척용)
- 굵은 소금 약간(세척용)

준비

1 블루베리는 흐르는 물에 깨끗이 씻은 다음 체에 밭쳐 물기를 뺀다. 꼭지가 붙어있는 것은 꼭지를 떼어낸다.

2 볼에 레몬, 잠길 만큼의 물, 베이킹 소다를 넣고 10분간 둔다. 굵은 소금으로 문질러 껍질을 깨끗이 씻는다. 2등분한 후 껍질을 칼끝으로 얇게 벗겨 가늘게 채 썬다.

만들기

3 ②의 레몬은 스퀴저에 올려 즙을 낸다.

4 냄비에 블루베리, 레몬 껍질, 레몬즙, 설탕을 켜켜이 담고 설탕이 녹을 때까지 2시간 정도 실온에 둔다.

5 ④를 센 불에서 끓인다. 가장자리가 끓어오르면 약한 불로 줄여 35~40분간 저어가며 끓인다.

6 걸쭉한 농도가 되면 찬물에 잼을 한 방울 떨어뜨린다. 물에서 퍼지지 않는지 확인한 후 한 김 식힌다.

보관 — 밀폐용기에 담아 냉장 보관한다.

1

2 껍질의 흰 부분을 최대한 제거해야 쓴맛이 없어요

3

4 블루베리와 설탕을 켜켜이 넣고 자연스럽게 녹인 후 끓이면 쟁이 타는 것을 막을 수 있어요

5 끓기 시작하면서 생기는 거품을 걷어내야 깔끔한 맛의 쟁이 만들어져요

6

포도잼

- 포도(캠벨포도) 1kg
- 물 1/2컵(100㎖)
- 레몬즙 3큰술
- 설탕 500g(약 3과 1/3컵)

녹말물
- 녹말가루 6큰술
- 물 6큰술

준비 1 포도는 흐르는 물에 깨끗이 씻은 다음 알알이 떼어내고 체에 받쳐 물기를 완전히 뺀다.

만들기 2 두꺼운 냄비에 포도, 물을 넣고 중간 불에서 20분간 저어가며 끓인다. 작은 볼에 녹말물 재료를 넣고 골고루 섞는다.

3 ②를 체에 올려 주걱으로 으깨가며 껍질과 씨를 분리해 과즙과 과육만 걸러낸다. ★ 체에 내려진 양은 약 3컵(600㎖)이다.

4 냄비에 ③과 레몬즙, 설탕을 넣고 중약 불에서 40분간 저어가며 끓인다.

5 약한 불로 줄이고 녹말물(넣기 전에 저어줄 것) 4큰술을 넣는다. 1~2분간 저어준 후 잼의 농도를 보며 더 넣고 저어준다. ★ 포도는 과즙과 과육을 으깨어 만든 잼이므로 농도를 내기 위해 녹말물을 섞는다.

6 걸쭉한 농도가 되면 찬물에 잼을 한 방울 떨어뜨린다. 물에서 퍼지지 않는지 확인한 후 한 김 식힌다.

보관 밀폐용기에 담아 냉장 보관한다.

1

2

3

4

끓기 시작하면서 생기는 거품을 걷어내야 깔끔한 맛의 잼이 만들어져요

5

녹말물은 금방 덩어리지니 넣으면서 잘 저어주세요

6

바나나잼 30P

무화과잼 31P

바나나잼

- 바나나 4개(약 500g)
- 따뜻한 물 4큰술
- 레몬즙 2큰술
- 설탕 250g(약 1과 2/3컵)

준비
1. 바나나는 껍질을 벗겨내고 1cm 두께로 모양대로 썬다.

만들기
2. 두꺼운 냄비에 바나나, 따뜻한 물, 레몬즙을 넣고 중간 불에서 2분간 끓인다.

3. ②의 냄비에 설탕을 넣고 설탕이 다 녹을 때까지 중간 불에서 2분간 끓인다.

4. 약한 불로 줄여 20~25분간 저어가며 끓인다.
   ★ 바나나가 눌어붙지 않도록 자주 저어준다.

5. 걸쭉한 농도가 되면 찬물에 잼을 한 방울 떨어뜨린다. 물에서 퍼지지 않는지 확인한 후 한 김 식힌다.

보관
- 밀폐용기에 담아 냉장 보관한다.

1

2

따뜻한 물을 넣으면 끓이는 시간을 줄이고, 과육이 뭉그러지는 것을 방지할 수 있어요

3

4

5

바나나는 끓이면서 5~10분 사이에 많이 튀므로 주의하여 자주 저어주세요

무화과잼

- 무화과 7개(약 500g)
- 따뜻한 물 3큰술
- 레몬즙 2큰술
- 설탕 350g(약 2와 1/3컵)

준비 1 무화과는 흐르는 물에 깨끗이 씻은 다음 체에 밭쳐 물기를 뺀다. 무화과 꼭지를 제거하고 사방 2cm 크기로 썬다.

만들기 2 두꺼운 냄비에 무화과, 따뜻한 물을 넣고 약한 불에서 10분간 끓여 무화과를 부드럽게 만든다.

3 ②에 레몬즙과 설탕을 넣고 약한 불에서 끓인다.

4 15분간 가끔씩 저어가며 끓인다. ★ 설탕이 과육에 스며들어 서서히 시럽화될 수 있도록 약한 불에서 되도록 젓지 않고 가끔씩 저어주며 끓인다.

5 걸쭉한 농도가 되면 찬물에 잼을 한 방울 떨어뜨린다. 물에서 퍼지지 않는지 확인한 후 한 김 식힌다.

보관 — 밀폐용기에 담아 냉장 보관한다.

1

무화과는 잘 익은 것으로 준비하세요

2

따뜻한 물을 넣으면 끓이는 시간을 줄이고, 과육이 뭉그러지는 것을 방지할 수 있어요

3

4

끓기 시작하면서 생기는 거품을 걷어내야 깔끔한 맛의 잼이 만들어져요

5

밤잼

- 깐밤 50개(약 500g)
- 물 1과 1/2컵(300㎖)
- 설탕 250g(약 1과 2/3컵)
- 우유 1컵(200㎖)

준비
1. 냄비에 물(5컵)과 밤을 넣고 중간 불에서 15분간 삶은 후 체에 밭쳐 물기를 뺀다.
2. 냄비나 볼에 밤을 넣고 뜨거울 때 나무 주걱이나 감자 으깨기를 이용해 으깬다.
3. ②에 물을 넣고 골고루 섞은 다음 체에 내린다. 체에 남은 밤은 다시 나무 주걱으로 으깨면서 내려 입자를 곱게 만든다.

만들기
4. 두꺼운 냄비에 ③과 설탕을 넣어 중간 불에서 20분간 저어가며 끓인다.
5. 걸쭉해지면 우유를 넣고 15분간 저어가며 끓인다.
6. 냄비 바닥을 나무 주걱으로 그어 흔적이 2~3초간 유지되는지 확인한 후 한 김 식힌다.

보관
- 밀폐용기에 담아 냉장 보관한다.

활용
- 빵에 발라 먹거나, 마롱라떼(따뜻한 우유 1컵 + 밤잼 2큰술)를 만들 때 활용한다.

입자가 일정해지도록 체에 내려주어야 식감이 좋은 잼을 만들 수 있어요

밤은 끓이면서 바닥에 눌어붙고 많이 튀므로 주의하여 자주 저어주세요

★ 마멀레이드(marmalade)
오렌지, 레몬 등 감귤류의
과일을 원료로 만든 잼.
감귤류의 과육과 껍질을 함께
넣어 만드는 것이 특징이다.

오렌지 마멀레이드

- 오렌지 3개(작은 것, 900g)
- 레몬즙 3큰술
- 설탕 3컵(450g)
- 굵은 소금 약간(세척용)

준비 1 오렌지는 물에 씻은 후 굵은 소금으로
문질러 껍질을 깨끗이 씻는다.
체에 밭쳐 물기를 뺀다.

2 오렌지는 2등분한 후 껍질을
칼끝으로 얇게 벗겨 가늘게 채 썬다.

3 ②의 오렌지는 스퀴저에 올려
즙을 낸다.

만들기 4 두꺼운 냄비에 ③의 오렌지즙,
오렌지껍질, 레몬즙, 설탕을 넣고
센 불에서 끓인다. 가장자리가 끓기
시작하면 중약 불로 줄여 40~45분간
저어가며 끓인다.

5 걸쭉한 농도가 되면 냄비 바닥을
나무 주걱으로 그어 흔적이 2~3초간
유지되는지 확인한 후 김 식힌다.

보관 — 밀폐용기에 담아 냉장 보관한다.

활용 — 빵이나 스콘 등에 발라 먹거나
오렌지소스를 만들어 팬케이크나
와플, 크레이프, 프렌치 토스트 등에
곁들이면 잘 어울린다.
오렌지소스를 만들 때는 작은 냄비에
오렌지주스와 물을 1/2컵씩 넣고
오렌지 마멀레이드 2큰술을 골고루
섞은 후 센 불에서 끓인다. 끓어오르면
중간 불로 줄여 5~7분간 저어가며
졸인다.

1

2

껍질의 흰 부분을
최대한 제거해야
쓴맛이 없어요

3

4

끓기 시작하면서
생기는 거품을
걷어내야 깔끔한 맛의
잼이 만들어져요

5

밀크잼

땅콩잼 38P

초콜릿잼 39P

밀크잼

- 우유 2컵(400㎖)
- 생크림 1컵(200㎖)
- 설탕 150g(1컵)
- 바닐라 에센스 1/4작은술(또는 바닐라 빈 1/2개)

준비 1 두꺼운 냄비에 우유와 생크림, 설탕을 넣는다.

만들기 2 중강 불에서 가장자리가 바글바글 끓어오를 때까지 끓인다.

3 중약 불로 줄이고 25분간 눌어붙지 않도록 주걱으로 계속 저어가며 뭉근히 끓인다. 바닐라 에센스를 넣고 5분간 더 저어가며 끓인다.

4 밀크잼을 떨어뜨렸을 때 주르륵 흐르는 상태가 되는지 확인한다.

5 한 김 식힌 후 밀폐용기에 담는다.

보관 — 냉장 보관한다.

활용 — 빵이나 스콘 등에 발라 먹거나 중탕으로 따뜻하게 녹여 과일을 찍어 퐁듀처럼 먹어도 맛있다.
블랙 커피에 넣어 부드러운 밀크 커피를 만들어도 좋다.

식으면 농도가 더 되직해지므로 조금 묽은 상태일 때 불을 끄세요

냉장 보관시 잼이 굳으면 끓는 물에 병째 담궈 중탕으로 녹여 사용하세요

✳ 바닐라 에센스(Vanilla essence)란?

바닐라 에센스는 바닐라 향을 알코올에 녹여 만든 것으로 요리에 바닐라 향을 낼 때 사용한다.
바닐라 빈(Vanilla bean)은 난초과 식물의 열매로 작은 칼로 안의 씨만 긁어 사용한다. 대형 마트, 제과제빵 전문 쇼핑몰 등에서 구입할 수 있다.

땅콩잼

- 볶은 땅콩 300g
- 포도씨유 3/4컵(150㎖)
- 꿀(또는 메이플시럽, 아가베시럽) 3큰술
- 소금 약간

준비

1 땅콩은 껍질을 벗긴다.

2 달군 팬에 땅콩을 넣고 약한 불에서 2분간 노릇하게 굽는다.

3 푸드프로세서에 땅콩을 넣고 굵게 간다. ★ 땅콩을 곱게 갈면 냄비에서 끓이는 동안 탈 수 있으니 입자를 굵게 간다.

만들기

4 두꺼운 냄비에 ③의 땅콩, 포도씨유, 꿀, 소금을 넣고 약한 불에서 나무주걱으로 저어가며 5~7분간 끓인다.

5 걸쭉한 농도가 되면 냄비 바닥을 나무 주걱으로 그어 흔적이 2~3초간 유지되는지 확인한 후 한 김 식힌다.

보관 — 밀폐용기에 담아 냉장 보관한다.

활용 — 땅콩 버터보다 조금 묽지만 땅콩 버터 대용으로 빵에 발라 먹거나 소스를 만들 때 활용한다. 특히 월남쌈 소스로 만들면 맛있다. 식초 1큰술, 양조간장 1/2큰술, 땅콩잼 1큰술, 설탕 1작은술을 섞어 완성한다.

1

2 땅콩은 살짝 구우면 더 고소해요

3 땅콩이 씹히는 것을 원할 경우 조금 더 굵게 갈아요

4 땅콩은 바닥에 눌어붙고, 타기 쉬우니 약한 불에서 자주 저어주세요

5

초콜릿잼

- 다크 초콜릿 200g
- 우유 1/2컵(100㎖)
- 생크림 1과 1/2컵(300㎖)
- 설탕 1컵(150g)

준비 1 큰 냄비에 1/2지점까지 물을 넣고 센 불에서 끓인다. 다크 초콜릿은 사방 1cm 크기로 굵게 다진다.

만들기 2 볼에 다진 초콜릿과 우유, 생크림, 설탕을 넣는다.

3 ①의 끓는 물 위에 볼째 올린다. 초콜릿, 우유, 생크림, 설탕이 서로 잘 섞이도록 10~12분간 저어가며 중탕으로 녹인다.

4 초콜릿잼을 떨어뜨렸을 때 주르륵 흐르는 상태가 되는지 확인한다.

5 한 김 식힌 후 밀폐용기에 담는다.

보관 냉장 보관한다.

활용 시판 초콜릿 스프레드(누텔라) 대용으로 빵이나 비스킷, 와플, 팬케이크 등에 곁들이면 맛있다. 이 스프레드는 특히 바나나와 잘 어울린다. 식빵에 초콜릿잼 2큰술을 바르고 바나나를 썰어 올린 후 오븐이나 팬에 살짝 구워 초콜릿 바나나 토스트를 만들면 별미다.

냉장 보관 시 초콜릿잼이 굳으면 끓는 물에 병째 당궈 중탕으로 녹여 사용하세요

✳ 농도 조절하는 법

다크 초콜릿의 종류에 따라 초콜릿잼의 농도가 다를 수 있으니 과정 ④에서 농도가 묽으면 다크 초콜릿을 조금 더 넣어 녹인다.

복숭아 병조림

- 복숭아 3개(작은 것, 500g)
- 설탕 200g(약 1과 1/3컵)
- 화이트 와인 1컵(200㎖)
- 레몬즙 1큰술
- 레몬 껍질 1/2개분(50g)
- 오렌지 껍질 1/4개분(50g)
- 굵은 소금 약간(세척용)

준비

1 복숭아는 껍질째 깨끗이 씻은 후 껍질을 벗겨 8등분한다.

2 레몬과, 오렌지는 물에 씻은 후 굵은 소금으로 문질러 껍질을 깨끗이 씻는다. 껍질을 칼끝으로 얇게 벗겨 가늘게 채 썬다.

3 볼에 복숭아를 넣고 레몬즙을 뿌려 버무린다.

만들기

4 냄비에 설탕, 화이트 와인을 넣고 중간 불에서 2분간 끓인다. 설탕이 녹으면 ③과 레몬 껍질, 오렌지 껍질을 넣고 중약 불로 줄여 10분간 더 끓인다.

5 복숭아의 속까지 충분하게 익어 과육이 투명해질 때까지 주걱으로 저어주며 2분 더 끓인다.

6 한 김 식힌 후 밀폐용기에 담는다.

보관 — 냉장 보관한다.

활용 — 그냥 먹어도 좋고 팬케이크, 프렌치 토스트, 와플, 아이스크림, 플레인 요구르트 등에 곁들이면 잘 어울린다. 스무디나 에이드(만드는 법 198~199쪽 참고)를 만들어도 맛있다.

✳ **재료 대체하는 법**

레몬 껍질, 오렌지 껍질은 하나로 통일해 동량으로 대체 가능하다.

1

2 껍질의 흰 부분을 최대한 제거해야 쓴맛이 없어요

3

4

5

6

살구 병조림 44P

사과 병조림 45P

살구 병조림

- 살구 10개(약 550g)
- 설탕 250g(약 1과 2/3컵)

준비 1 살구는 꼭지를 떼고 흐르는 물에
깨끗이 씻는다. 살구를 돌려가며
칼집을 내고 비틀어 반으로
분리한 후 씨를 뺀다.

만들기 2 두꺼운 냄비에 살구, 설탕을 넣고
골고루 버무린다. 설탕이 녹고
살구에서 수분이 나올 때까지
2시간 정도 실온에 둔다.

3 ②를 중간 불에서 5분간 끓인 후
약한 불로 줄여 5분간 끓인다.

4 한 김 식힌 후 밀폐용기에 담는다.

보관 — 냉장 보관한다.

활용 — 그냥 먹어도 맛있고 팬케이크, 프렌치
토스트, 와플, 아이스크림, 플레인
요구르트 등에 곁들여도 잘 어울린다.
구운 닭고기와도 맛의 궁합이 좋다.
다져서 샐러드 드레싱에 더해도
맛있다.

✳ **오래 보관하는 법**

살구 병조림은 국물만 한 번 더 끓여 넣으면
과육의 식감과 보존성이 좋아진다. 과정 ③까지
진행한 후 체에 밭쳐 과육과 국물을 분리한다.
국물만 중간 불에서 5분간 끓인 후 밀폐용기에
과육과 국물을 함께 넣고 냉장 보관한다.

1

단단한 살구로
만들어야 과육이
뭉그러지지 않아요

2

3

4

사과 병조림

- 사과 2개(부사, 400g)
- 설탕 200g(약 1과 1/3컵)
- 화이트 와인 2컵(400㎖)
- 레몬 슬라이스 1쪽
- 오렌지 슬라이스 1쪽
- 통계피 5cm 1개

준비 1 사과는 깨끗하게 씻어 8등분한 후 씨를 제거하고, 껍질을 깎아서 따로 둔다. 레몬, 오렌지는 0.5cm 두께로 모양대로 썬다.

만들기 2 두꺼운 냄비에 설탕, 화이트 와인, 사과 껍질을 넣고 설탕이 녹을 때까지 중간 불에서 3분간 끓인 후 사과 껍질을 건져낸다.

3 ②에 사과와 레몬, 오렌지, 통계피를 넣고 약한 불에서 15분간 끓인다.

4 사과의 속까지 충분히 익어 과육이 투명해지면 레몬, 오렌지, 통계피를 건져내고 불을 끈 후 한 김 식힌다.

보관 — 밀폐용기에 담아 냉장 보관한다.

활용 — 그냥 먹어도 맛있고 팬케이크, 프렌치 토스트, 와플 등에 곁들여도 잘 어울린다.
특히 돼지고기 요리와 맛의 궁합이 잘 맞으니 돈가스나 돼지고기 구이, 조림 등에 함께 내면 좋다.
사과 과육 1조각을 한입 크기로 썰고 사과 병조림 국물 2큰술, 버터 1큰술을 넣어 팬에 볶은 후 곁들인다.

사과 껍질을 넣고 끓이면 향이 더 좋아져요

체리 병조림 48p

옥수수 병조림 49p

파인애플 병조림 50p

포도 병조림 51p

체리 병조림

- 체리 70개(약 450g)
- 설탕 150g(1컵)
- 레몬즙 1큰술
- 레드 와인 1컵(200㎖)

준비
1. 체리는 깨끗하게 씻은 다음 꼭지를 뗀다. 돌려가며 칼집을 내고 비틀어 반으로 분리한 후 씨를 뺀다.

2. 볼에 체리, 설탕, 레몬즙을 넣고 골고루 버무려 20분간 실온에 둔다.

만들기
3. 두꺼운 냄비에 ②와 레드 와인을 넣고 중간 불에서 끓인다.

4. 끓어오르면 중약 불로 줄이고 10분간 더 끓인다. 체리에 레드 와인과 설탕이 충분히 스며들면 불을 끄고 한 김 식힌다.

보관 — 밀폐용기에 담아 냉장 보관한다.

활용 — 그냥 먹어도 좋고, 쿠키나 케이크 등을 장식할 때 쓰면 유용하다. 쿠키의 경우 반죽 가운데에 체리 병조림을 하나씩 올려 구우면 멋스럽다. 스무디나 에이드(만드는 법 198~199쪽 참고)를 만들어도 맛있다.

끓기 시작하면서 생기는 거품을 걷어내야 깔끔한 맛의 병조림이 만들어져요

✳ **병조림에 와인을 넣는 이유**
병조림을 끓일 때 와인을 넣으면 보관성이 높아지고 풍미가 고급스러워진다.
레드 와인 대신 화이트 와인으로 대체 가능하다.

옥수수 병조림

- 옥수수 알맹이 500g(약 3개분)
- 설탕 150g(1컵)
- 물 2컵(400㎖)

준비
1 냄비에 옥수수, 옥수수가 잠길 만큼의 물을 넣어 40분간 삶는다.

2 한 김 식힌 다음 알알이 떼어낸다.

만들기
3 두꺼운 냄비에 옥수수 알맹이, 설탕, 물을 넣어 센 불에서 끓인다.

4 끓어오르면 중간 불로 줄여 옥수수에 단맛이 배도록 10분간 끓인다.

5 한 김 식힌 후 밀폐용기에 담는다.

보관
— 냉장 보관한다.

활용
통조림 옥수수 대신 볶음밥이나 콘 샐러드, 콘 치즈 등에 활용하면 된다. 술안주나 간식으로 좋은 콘 치즈를 만들 때는 옥수수 병조림 10큰술, 다진 양파 5큰술(50g), 마요네즈 3큰술, 슈레드 피자치즈 1/4컵(50g)을 골고루 섞은 후 달군 팬에 넣고 중약 불에서 4~5분간 익히면 된다.

1

2

옥수수 껍질을 한 겹 두고 삶으면 알맹이가 더 촉촉해요

3

4

끓기 시작하면서 생기는 거품을 걷어내야 깔끔한 맛의 병조림이 만들어져요

5

✳ 옥수수 고르는 법

찰옥수수나 메옥수수, 어떤 옥수수로도 만들 수 있다. 가장 추천하고 싶은 옥수수는 사진처럼 자색이 섞여 있는 옥수수. 색깔도 예쁘고 좀 더 단단해 보관성도 좋다는 것이 장점이다.

파인애플 병조림

- 파인애플 500g(껍질 제거 후, 중간 크기 1개)
- 설탕 250g(약 1과 2/3컵)
- 레몬즙 3큰술

준비

1. 파인애플 껍질은 두껍게 썰어내고 가운데 단단한 부분도 제거한다. 사방 2cm 크기로 썬다.

2. 볼에 파인애플, 설탕, 레몬즙을 넣고 골고루 버무린다. 파인애플에서 수분이 나오도록 5분간 그대로 실온에 둔다.

만들기

3. 두꺼운 냄비에 ②를 넣고 중간 불에서 15분간 끓인다.

4. 약한 불로 줄여 과육이 투명해질 때까지 5분간 더 끓인 후 불을 끄고 한 김 식힌다.

보관 — 밀폐용기에 담아 냉장 보관한다.

활용 — 그냥 먹어도 좋고 빙수나 파르페, 플레인 요구르트 등에 더하면 잘 어울린다. 스무디나 에이드 (만드는 법 198~199쪽 참고)를 만들어도 맛있다.
파인애플은 배, 키위 등과 마찬가지로 고기 연육작용을 하니 곱게 갈아서 고기 양념에 더하면 좋다.

끓기 시작하면서 생기는 거품을 걷어내야 깔끔한 맛의 병조림이 만들어져요

✳ 오래 보관하는 법

파인애플 병조림은 국물만 한 번 더 끓여 넣으면 과육의 식감과 보존성이 좋아진다. 과정 ③까지 진행한 후 체에 밭쳐 과육과 국물을 분리한다. 국물만 중간 불에서 5분간 끓인 후 밀폐용기에 과육과 국물을 함께 넣고 냉장 보관한다.

포도 병조림

- 포도(또는 거봉) 500g
- 설탕 150g(1컵)
- 레몬즙 2큰술
- 레드 와인 1컵(200㎖)

준비

1 포도는 흐르는 물에 깨끗이 씻은 다음 체에 밭쳐 물기를 뺀다. 알알이 떼어내 껍질을 벗기고 씨를 뺀다.

2 두꺼운 냄비에 포도, 설탕, 레몬즙을 넣고 골고루 버무린 후 10분간 실온에 둔다.

만들기

3 ②에 레드 와인을 넣고 중간 불에서 끓인다.

4 끓어오르면 중약 불로 줄여 10분간 끓인다. 포도 과육에 레드 와인과 설탕이 충분히 스며들면 불을 끄고 한 김 식힌다.

보관

— 밀폐용기에 담아 냉장 보관한다.

활용

그냥 먹어도 좋고 스무디나 에이드 (만드는 법 198~199쪽 참고)를 만들어도 맛있다.
팬케이크, 프렌치 토스트, 빙수, 파르페 등에 곁들여도 잘 어울린다.
와인을 넣고 조리기 때문에 요리 중에는 쇠고기 스테이크나 연어 스테이크가 특히 잘 맞는다. 맛도 어울리고, 소화 흡수에도 도움이 되고, 잔식 효과도 좋기 때문이다.

1

2

3

4

끓기 시작하면서 생기는 거품을 걷어내야 깔끔한 맛의 병조림이 만들어져요

귤 병조림

- 귤 5개(중간 크기, 400g)
- 설탕 200g(약 1과 1/3컵)
- 화이트 와인 2컵(400㎖)
- 레몬 슬라이스 2쪽
- 통계피(또는 시나몬스틱) 5cm 1개

준비 1 귤은 흐르는 물에 깨끗이 씻은 다음 껍질을 벗기고 과육을 나눈다. 레몬은 0.5cm 두께로 모양대로 썬다.

만들기 2 두꺼운 냄비에 설탕, 화이트 와인, 통계피를 넣고 중간 불에서 설탕이 녹을 때까지 2분간 끓인다.

3 귤과 레몬을 넣고 10분간 더 끓인다.

4 과육이 투명해지면 레몬 슬라이스와 통계피를 건져내고 불을 끈 후 한 김 식힌다.

보관 — 밀폐용기에 담아 냉장 보관한다.

활용 — 그냥 먹어도 좋고 팬케이크, 프렌치 토스트, 와플, 아이스크림, 플레인 요구르트 등에 곁들이면 잘 어울린다. 스무디나 에이드(만드는 법 198~199쪽 참고)를 만들어도 맛있다. 케이크 장식에 활용해도 좋다.

1

과육의 흰 부분을 최대한 제거해야 깔끔한 병조림이 돼요

2

3

4

유자차

- 유자 5개(약 600g)
- 설탕 500g(약 3과 1/3컵)
- 베이킹 소다 약간(세척용)
- 굵은 소금 약간(세척용)

준비 1 큰 볼에 유자, 잠길 만큼의 물, 베이킹 소다를 넣고 10분간 둔다. 굵은 소금으로 껍질을 문질러 씻은 후 체에 밭쳐 물기를 뺀다. 열십(+)자로 칼집을 넣어 껍질을 벗긴다.

2 유자 과육은 2~3쪽씩 나눈다. 껍질을 2cm 두께로 썰고, 안쪽의 속껍질을 저며가며 제거한 후 0.5cm 두께로 채 썬다.

만들기 3 큰 볼에 유자 과육, 껍질, 설탕을 넣고 가볍게 섞는다.

4 밀폐용기에 넣어 설탕과 과육이 잘 어우러지도록 1~2일 정도 실온에 둔다.

보관 — 냉장 보관한다. ★ 보관하는 동안 설탕이 아래로 가라앉지 않도록 중간중간 저어준다.

활용 — 뜨거운 물에 그냥 타서 마셔도 되지만, 한 번 더 끓이면 향이 훨씬 더 좋다. 끓일 때는 냄비에 찬물 2컵(400㎖)과 유자차 3큰술을 넣고 끓어오르면 중간 불에서 2~3분간 더 끓인다. 유자차는 소스에도 많이 활용하는데, 특히 된장과 잘 어울린다. 유자 된장 소스(된장 2큰술 + 유자차 1과 1/2큰술 + 맛술 1큰술 + 다진 마늘 1작은술)를 만들어 생선이나 닭고기를 구울 때 마지막에 발라 살짝 더 구우면 맛있다. 이때 집에 있는 된장이 너무 짜면 맛을 보며 된장 양을 조절한다.

✳ **유자 고르는 법**
껍질이 매끈한 것보다 조금 못 생겼더라도 껍질이 올록볼록한 것이 당도가 높고 맛있다.

껍질의 흰 부분을 최대한 제거해야 쓴맛이 없어요

유자차는 설탕이 다 녹으면 바로 마셔도 되지만 3개월간 숙성시킨 후 마시면 더 좋아요

자몽차

- 자몽 2개(800g)
- 오렌지 1개(300g)
- 레몬 1개(100g)
- 설탕 600g(4컵)
- 베이킹 소다 약간(세척용)
- 굵은 소금 약간(세척용)

준비

1 큰 볼에 자몽, 오렌지, 레몬, 잠길 만큼의 물, 베이킹 소다를 넣고 10분간 둔다. 굵은 소금으로 문질러 껍질을 깨끗이 씻는다. 체에 밭쳐 물기를 뺀다.

만들기

2 자몽, 오렌지, 레몬을 2등분한 후 껍질째 0.5cm 두께로 썬다.

3 밀폐용기에 자몽, 오렌지, 레몬을 번갈아 담으면서 사이 사이에 설탕의 60%를 뿌린다.

4 윗면에 남은 설탕을 덮고 설탕과 과육이 잘 어우러지도록 2시간 정도 실온에 둔다. 냉장실에서 2주간 숙성시킨다.

보관

― 냉장 보관한다.
★ 보관하는 동안 설탕이 아래로 가라앉지 않도록 중간중간 저어준다.

활용

― 뜨거운 물에 그냥 타서 마셔도 되지만, 한 번 더 끓이면 향이 훨씬 더 좋다. 끓일 때는 냄비에 찬물 2컵(400㎖)과 자몽차 3큰술을 넣고 끓어오르면 중간 불에서 2~3분간 더 끓이면 된다. 자몽차 속 자몽, 오렌지, 레몬 등의 겉껍질과 속껍질(흰 것)에서는 쓴맛이 날 수 있으니 과육만 발라내 샐러드 드레싱(올리브유 3큰술＋과일 식초나 발사믹 식초 2큰술＋자몽차 과육 1과 1/2큰술＋레몬즙 1큰술＋소금 약간)을 만들면 아주 유용하다.

✳ 보관할 때 주의하기

자몽차는 오렌지와 레몬을 넣어 자몽의 씁쓸한 맛을 중화시키고 풍부한 시트러스 향을 즐길 수 있다. 그러나 여러 종류의 과일이 들어가 다른 차에 비해 보관 기간이 짧다. 오렌지와 레몬은 하나의 과일로 통일해 동량으로 대체 가능하다.

1

2

3

4

굴차 61P

레몬차

사과차 60P

레몬차

- 레몬 5개(500g)
- 설탕 500g(약 3과 1/3컵)
- 베이킹 소다 약간(세척용)
- 굵은 소금 약간(세척용)

준비

1. 큰 볼에 레몬, 레몬이 잠길 만큼의 물, 베이킹 소다를 넣고 10분간 둔다. 레몬은 굵은 소금으로 문질러 껍질을 씻은 후 체에 밭쳐 물기를 뺀다.

2. 레몬은 0.5cm 두께로 모양대로 썬다.

만들기

3. 볼에 레몬과 설탕의 60%를 넣고 골고루 섞는다.

4. 밀폐용기에 ③을 넣고 남은 설탕을 윗면에 덮는다. 설탕과 레몬이 잘 어우러지도록 1~2일간 실온에 둔다.
   ★ 설탕을 윗면에 덮어주면 과일과 공기의 접촉을 막아 발효 중의 부패를 방지한다.

보관

- 냉장 보관한다.
  ★ 보관하는 동안 설탕이 아래로 가라앉지 않도록 중간중간 저어준다.

활용

- 뜨거운 물에 그냥 타서 마셔도 되지만, 한 번 더 끓이면 향이 훨씬 더 좋다. 끓일 때는 냄비에 찬물 2컵(400㎖)과 레몬차 3큰술을 넣고 끓어오르면 중간 불에서 2~3분간 더 끓이면 된다.

레몬차는 설탕이 녹으면 마셔도 되지만 냉장실에서 1개월간 숙성시킨 후 마시면 더 좋아요

✳ 생강 더해 레몬 생강차 만들기

생강은 기호에 따라 200~300g을 껍질을 벗겨 얇게 편 썬 후 찬물에 10분간 담가 매운맛과 전분기를 빼고 체에 밭쳐 물기를 없앤다. 과정 ③에서 생강, 생강과 동량의 설탕을 함께 넣어 완성한다.

사과차

- 사과 3개(600g)
- 레몬 1개(100g)
- 설탕 400g(약 2와 2/3컵)
- 꿀 1/4컵(또는 메이플시럽, 아가베시럽 50㎖)
- 통계피(또는 시나몬스틱) 5cm 1개
- 굵은 소금 약간(세척용)

준비

1 사과는 흐르는 물에 깨끗이 씻은 후 4등분한다. 씨 부분을 제거하고 껍질째 0.5cm 두께로 썬다.

2 레몬은 굵은 소금으로 문질러 껍질을 깨끗이 씻은 후 0.5cm 두께로 모양대로 썬다.

만들기

3 볼에 사과, 레몬, 설탕을 넣고 골고루 버무린다.

4 밀폐용기에 ③과 꿀, 통계피를 넣고 6시간 동안 실온에 둔다. 냉장실에서 1개월간 숙성시킨다.

보관

— 냉장 보관한다.
★ 보관하는 동안 설탕이 아래로 가라앉지 않도록 중간중간 저어준다.

활용

뜨거운 물에 그냥 타서 마셔도 되지만, 한 번 더 끓이면 향이 훨씬 더 좋다. 끓일 때는 냄비에 찬물 2컵(400㎖)과 사과차 3큰술을 넣고 끓어오르면 중간 불에서 2~3분간 더 끓이면 된다.

레몬은 사과와 같은 두께로 썰어주세요

꿀을 넣으면 사과와 어우러져 더 진한 맛의 차를 즐길 수 있어요

귤차

- 귤 7개(700g)
- 설탕 400g(약 2와 2/3컵)
- 굵은 소금 약간(세척용)

준비

1. 귤은 굵은 소금으로 문질러 껍질을 깨끗이 씻는다.

2. 귤의 물기를 없앤 후 껍질을 벗기고 과육을 나눈다.

3. 껍질은 0.5cm 두께로 채 썬다.

만들기

4. 볼에 귤, 껍질, 설탕의 60%를 넣고 가볍게 섞는다. 설탕과 과육이 잘 어우러지도록 1~2시간 정도 실온에 둔다.

5. 밀폐용기에 넣고 윗면에 남은 설탕을 덮은 후 냉장실에서 1개월간 숙성시킨다.

보관 — 냉장 보관한다.
★ 보관하는 동안 설탕이 아래로 가라앉지 않도록 중간중간 저어준다.

활용 — 뜨거운 물에 그냥 타서 마셔도 되지만, 한 번 더 끓이면 향이 훨씬 더 좋다. 끓일 때는 냄비에 찬물 2컵(400㎖)과 귤차 3큰술을 넣고 끓어오르면 중간 불에서 2~3분간 더 끓이면 된다. 귤 과육은 파운드 케이크, 머핀 등을 만들 때 넣어도 좋다.

껍질의 흰 부분을 최대한 제거해야 쓴맛이 없어요

✳ 향이 진한 차 만들기

채 썬 귤 껍질을 채반에 펼쳐 올려 2일 정도 말린 후 만들면 더 향이 진한 귤차를 만들 수 있다.

모과차

- 모과 3개(중간 크기, 1kg)
- 설탕 1kg(약 6과 2/3컵)
- 베이킹 소다 약간(세척용)

준비
1 볼에 모과, 모과가 잠길 만큼의 물, 베이킹 소다를 넣고 10분간 그대로 둔다. 흐르는 물에 깨끗이 씻은 후 물기를 완전히 뺀다.

2 모과는 길이로 8등분한다. 씨를 도려낸 후 0.5cm 두께로 모양대로 썬다.

만들기
3 밀폐용기에 모과, 설탕의 60%를 켜켜이 담는다.

4 모과 과육이 보이지 않도록 윗면에 남은 설탕을 뿌린다.

5 설탕과 과육이 잘 어우러지고 설탕이 다 녹을 때까지 2~3일 정도 실온에 둔다.

보관
— 냉장 보관한다.
★ 보관하는 동안 설탕이 아래로 가라앉지 않도록 중간중간 저어준다.

활용
그냥 물에 타서 마시면 향이 약하니 가급적 끓여서 마신다. 냄비에 찬물 2컵(400㎖)과 모과차 3큰술을 넣고 끓어오르면 중간 불에서 2~3분간 더 끓인다.

모과는 겉면이 미끄러우니 베이킹 소다물에 담근 후 씻어주세요

모과는 수분이 적어 설탕이 뭉치지 않게 골고루 뿌려야 잘 녹아요

3일 뒤

생강 대추차 66p

인삼 꿀차 ^{67p}

생강 대추차

- 생강 10개(200g)
- 대추 20개(200g)
- 설탕 200g(약 1과 1/3컵)
- 물 1컵(200㎖)

준비

1 생강은 깨끗하게 씻어 껍질을 벗긴 다음 모양대로 얇게 썬다.

2 대추는 깨끗이 씻어 물기를 뺀다. 대추에 칼집을 길게 낸 후 칼을 최대한 눕혀 꽂아 돌려 깎는다. 과육과 씨를 분리하고 과육은 가늘게 채 썬다.

만들기

3 냄비에 대추씨와 물을 넣고 중약 불에서 10분간 끓인다. 체에 밭쳐 국물만 걸러낸다. ★ 완성량은 1/2컵(100㎖)이며 부족하면 물을 더한다.

4 밀폐용기에 생강, 대추, 설탕을 번갈아 담는다.

5 ③의 국물을 붓고 설탕과 과육이 잘 어우러지도록 1일간 실온에 둔다. 설탕이 다 녹으면 냉장실에서 3개월간 숙성시킨다.

보관 — 냉장 보관한다.
★ 보관하는 동안 설탕이 아래로 가라앉지 않도록 중간중간 저어준다.

활용 — 그냥 타서 마시면 향이 약하니 가급적 끓여서 마신다. 냄비에 찬물 2컵(400㎖)과 생강 대추차 3큰술을 넣고 끓어오르면 중간 불에서 2~3분간 더 끓이면 된다. 곶감을 넣어 수정과처럼 즐겨도 좋다.

1

2

3

4

5

대추씨 우린 물을 위에 뿌리면 향이 더 진해져요

인삼 꿀차

- 인삼 7뿌리(중간 크기, 약 400g)
- 설탕 100g(약 2/3컵)
- 꿀 1/2컵(100g)

준비 1 인삼은 흐르는 물에 깨끗이
씻는다. 끝 부분을 제거하고
몸통은 굵직하게 저며 어슷 썬다.
뿌리는 3cm 길이로 썬다.

만들기 2 밀폐용기에 인삼, 설탕을 번갈아
담고 꿀을 붓는다.

3 설탕과 인삼이 잘 어우러지도록
1~2일 정도 실온에 둔다. 설탕이
다 녹으면 냉장실에서 3개월간
숙성시킨다.

보관 - 냉장 보관한다.
★ 보관하는 동안 설탕이 아래로
가라앉지 않도록 중간중간
저어준다.

활용 - 그냥 타서 마시면 향이 약하니
가급적 끓여서 마신다. 냄비에
찬물 2컵(400㎖)과 인삼 꿀차
3큰술을 넣고 끓어오르면 중간
불에서 2~3분간 더 끓이면 된다.
플레인 요구르트 100㎖에
인삼 꿀차 1큰술, 또는 우유
1컵(200㎖)에 인삼 꿀차
1과 1/2큰술을 넣고 곱게 갈아
인삼쉐이크로 즐겨도 별미다.

인삼의 잔뿌리도
버리지 말고 전부
이용하세요

인삼이 인삼차에
푹 잠겨야 오래
보관할 수 있어요

피클, 장아찌, 짠지,
저염 김치, 젓갈, 장

Chapter 2 입맛을 돋우는 저장 반찬들. 전통적인 방식으로 만들되
설탕과 염분을 최소로 사용했고 다양한 부재료와 향신채를
더해 맛을 살렸습니다.

피클_ 채소와 과일을 식초물에 절여 맛과 향을 우러나게 한 것

피클물에 담가 2~3일 후면 먹을 수 있는 것이 장점. 많은 양을
만들어 보관하고자 한다면, 피클물을 한 번 더 끓여 완전히
식힌 다음 부으세요. 파스타나 피자, 스테이크 등에 곁들이면
맛있게 먹을 수 있고 잘게 다져 샐러드 드레싱에 넣어도 좋아요.

장아찌와 짠지_ 채소를 간장, 식초, 고추장 등에 절여 맛과 향을
우러나게 하고, 보관기간을 늘린 것

제철 재료를 사계절 내내 즐기는 참 좋은 방법. 온도 차가 많이
나지 않는 서늘한 곳에 보관하는 것이 중요해요.
남은 장아찌 국물은 바글바글 끓여 다시 장아찌를 만들어도 돼요.

저염 김치_ 최소한의 소금으로 절이고 12시간 숙성시켜 바로 먹는 김치
젓갈과 장_ 해산물을 고추장, 간장 등에 절여 맛과 향을 우러나게 한 것

소금의 양을 줄여 만들었기 때문에 오래도록 보관이 어렵지만,
재료를 신선하게 즐길 수 있어요. 젓갈과 장은 특히 재료가 중요하니
반드시 신선한 생물을 고르도록 하세요.

오이피클

- 백오이 3개(600g)
- 홍고추 2개
- 양파 1/2개(100g)
- 당근 1/4개(50g)
- 소금 약간(세척용)

향신 재료
(또는 피클링 스파이스 1과 1/2큰술)
- 월계수 잎 2장
- 통계피 5cm 1개
- 통후추 1/2큰술
- 클로브(또는 말린 허브) 1작은술
- 딜 씨앗(또는 말린 허브) 1작은술

피클물
- 설탕 75g(1/2컵)
- 물 1과 1/2컵(300mℓ)
- 식초 1과 1/2컵(300mℓ)
- 소금 1작은술

준비 1 백오이는 겉면을 소금으로 문질러 깨끗이 씻은 후 물에 헹군다. 칼로 튀어나온 돌기와 쓴맛이 나는 양 끝을 제거하고 2cm 두께로 썬다.

2 홍고추는 1cm 두께로 썰고, 양파는 2×2cm 크기로 썬다. 당근은 0.3cm 두께로 모양대로 썬다.

만들기 3 밀폐용기에 오이, 홍고추, 양파, 당근을 골고루 섞어 넣고 향신 재료를 넣는다.

4 냄비에 피클물 재료를 넣고 센 불에서 끓어오르면 설탕이 다 녹을 때까지 1분간 끓인다.

5 뜨거울 때 ③에 붓는다. 한 김 식힌 후 밀봉하여 3일간 서늘한 곳에 둔다.

6 3일 뒤 ⑤의 피클물만 따라낸 후 냄비에 부어 센 불에서 바글바글 끓어오르면 불을 끈다. 완전히 식힌 후 다시 밀폐용기에 붓고 7일간 서늘한 곳에 둔다.

보관 - 냉장 보관한다.

피클물이 뜨거울 때 부어야 아삭함이 유지돼요

3일 뒤

무 파프리카피클 ^{74P}

비트 배추피클 ^{75P}

양파 당근피클

양파 당근피클

- 양파 4개(800g)
- 당근 2개(400g)
- 홍고추 1개

향신 재료
(또는 피클링 스파이스 1과 1/2작은술)
- 월계수 잎 2장
- 통계피 5cm 1개
- 통후추 1작은술

피클물
- 설탕 75g(1/2컵)
- 물 1과 1/2컵(300㎖)
- 식초 1과 1/2컵(300㎖)
- 소금 1작은술

준비 1   양파는 1cm 두께로 썬다.

2   당근은 0.7cm 두께로 모양대로 썬다.
홍고추는 0.5cm 두께로 송송 썬다.

만들기 3   밀폐용기에 양파와 당근, 홍고추를
골고루 섞어 넣고 향신 재료를 넣는다.

4   냄비에 피클물 재료를 넣고 센 불에서
끓어오르면 설탕이 다 녹을 때까지
1분간 끓인다.

5   피클물이 뜨거울 때 ③에 붓는다.
한 김 식힌 후 밀봉하여 3일간
서늘한 곳에 둔다.

6   3일 뒤 ⑤의 피클물만 따라낸 후
냄비에 부어 센 불에서 비글마글
끓어오르면 불을 끈다. 완전히
식힌 후 다시 밀폐용기에 붓고
7일간 서늘한 곳에 둔다.

보관 —   냉장 보관한다.

너무 오래 끓이면
식초 성분이 날아가니
설탕이 녹으면 불을
끄세요

3일 뒤

✳ **향신 재료 사용법**
향신 재료는 각각의 허브와 스파이스를 계량해 넣어도
되지만, 피클링 스파이스(피클을 만들 때 필요한
여러 가지 향신 재료들을 섞어 놓은 것)를 쓰면
훨씬 편리하다. 피클링 스파이스는 대형마트 또는
백화점 향신료(조미료) 코너에서 구입할 수 있다.

무 파프리카피클

- 무 지름 10cm, 두께 8cm 1토막(800g)
- 빨강 파프리카 2개(400g)
- 노랑 파프리카 2개(400g)
- 청피망 1개(100g)

  **향신 재료
  (또는 피클링 스파이스 2작은술 +
  송송 썬 홍고추 1개)**
- 월계수 잎 2장
- 페페론치노 5~6개(또는 말린 고추 1개)
- 통후추 1작은술
- 오레가노(또는 말린 허브) 1/2작은술

  피클물
- 설탕 150g(1컵)
- 물 3컵(600㎖)
- 식초 3컵(600㎖)
- 소금 1큰술

준비 1 무는 껍질을 벗기고
1×1×5cm 크기로 썬다.

2 파프리카, 청피망은 2등분해 씨를 제거하고
길이로 2등분해 1.5cm 두께로 썬다.

만들기 3 밀폐용기에 무와 파프리카, 청피망을
골고루 섞어 넣고 향신 재료를 넣는다.

4 냄비에 피클물 재료를 넣고 센 불에서
끓어오르면 설탕이 다 녹을 때까지
1분간 끓인다.

5 피클물이 뜨거울 때 ③에 붓는다. 한 김
식힌 후 밀봉하여 3일간 서늘한 곳에 둔다.

6 3일 뒤 ⑤의 피클물만 따라낸 후 냄비에 부어
센 불에서 바글바글 끓어오르면 불을 끈다.
완전히 식힌 후 다시 밀폐용기에 붓고
7일간 서늘한 곳에 둔다.

보관 - 냉장 보관한다.

✳ **재료 대체하기**
빨강 파프리카, 노랑 파프리카, 청피망은
하나의 재료로 통일해 동량으로 대체 가능하고,
무는 콜라비로 대체 가능하다.

3일 뒤

비트 배추피클

- 비트 1개(또는 무, 400g)
- 배추 20장(손바닥 크기, 또는 양배추 600g)
- 양파 1/2개(100g)

**향신 재료
(또는 피클링 스파이스 1과 1/2작은술 +
송송 썬 홍고추 1개)**
- 월계수 잎 2장
- 페페론치노 3~4개(또는 말린 고추 1개)
- 딜 씨앗(또는 말린 허브) 1/2작은술
- 오레가노 1/2작은술

피클물
- 설탕 150g(1컵)
- 물 3컵(600㎖)
- 식초 3컵(600㎖)
- 소금 1큰술

준비

1 배추는 2등분해 안쪽의 노란
잎만 떼어낸다.

2 배추는 3×3cm 크기로 썰고, 양파는
1.5cm 두께로 썬다. 비트는 껍질을
벗기고 사방 1.5cm 크기로 썬다.

만들기

3 밀폐용기에 비트, 배추, 양파를
골고루 섞어 넣고 향신 재료를 넣는다.

4 냄비에 피클물 재료를 넣고 센 불에서
끓어오르면 설탕이 다 녹을 때까지
1분간 끓인다.

5 피클물이 뜨거울 때 ③에 붓는다. 한 김
식힌 후 밀봉하여 3일간 서늘한 곳에
둔다.

6 3일 뒤 ⑤의 피클물만 따라낸 후 냄비에
부어 센 불에서 바글바글 끓어오르면
불을 끈다. 완전히 식힌 후 다시
밀폐용기에 붓고 7일간 서늘한 곳에
둔다.

보관 ― 냉장 보관한다.

안쪽의 노란잎을
이용해야 피클이 더 아삭해요
남은 배추는 겉절이, 국물
요리에 활용하세요

3일 뒤

✳ **색이 너무 진하다면**
비트 배추피클의 색이 부담스럽다면
비트의 양을 조금 줄여도 된다. 비트를 줄인 만큼
동량의 배추 또는 양파를 넣는다.

방울토마토피클

- 방울토마토 약 50개(800g)

  향신 재료
  (또는 피클링 스파이스 1작은술
  + 송송 썬 홍고추 1개)
- 월계수 잎 3장
- 페페론치노 5~6개(또는 말린 고추 1개)
- 말린 바질 1작은술

  피클물
- 설탕 75g(1/2컵)
- 물 1과 1/2컵(300㎖)
- 식초 1과 1/2컵(300㎖)
- 소금 1작은술

준비 1 방울토마토 데칠 물(3컵) + 소금
(1작은술)을 끓인다. 방울토마토는
꼭지를 떼고 꼭지 반대편에
열십(+)자로 칼집을 낸다.

2 ①의 끓는 물에 방울토마토를 넣고
30초간 데친 후 찬물에 담가 껍질을
벗긴다.

만들기 3 밀폐용기에 방울토마토를 넣고
향신 재료를 넣는다.

4 냄비에 피클물 재료를 넣고
센 불에서 끓어오르면 설탕이 다 녹을
때까지 1분간 끓인다.

5 피클물이 뜨거울 때 ③에 붓는다.
한 김 식힌 후 밀봉하여
3일간 서늘한 곳에 둔다.

보관 – 냉장 보관한다.

> 방울토마토에
> 칼집을 내서 데치면
> 껍질을 벗기기 쉬워요

> 30초 이상 데치면
> 피클이 물러지니
> 시간을 준수하세요

✴ 숙성 기간이 짧은 이유

방울토마토처럼 무르고 수분이 많은 재료는
피클물을 붓고 3일만 지나도 바로 먹을 수 있다.
특히 방울토마토를 데칠 때 살짝만 데쳐야
피클을 만든 후 쉽게 물러지지 않는다.

고추피클

- 퍼펙트 고추 50개(또는 풋고추, 1kg)
- 베이킹 소다 약간(세척용)

향신 재료(또는 피클링 스파이스 2작은술)
- 월계수 잎 2장
- 페페론치노 2~3개(또는 말린 고추 1개)
- 통후추 2/3큰술

피클물
- 설탕 150g(1컵)
- 물 3컵(600㎖)
- 식초 3컵(600㎖)
- 소금 1큰술

준비
1. 볼에 퍼펙트 고추와 잠길 만큼의 물을 붓고 베이킹 소다를 넣어 10분간 둔다. 흐르는 물에 깨끗이 씻은 후 체에 받쳐 물기를 뺀다.

2. 퍼펙트 고추의 꼭지를 떼고 꼬치나 이쑤시개로 찔러 여러 군데 구멍을 낸다.

만들기
3. 냄비에 피클물 재료를 넣고 센 불에서 끓어오르면 설탕이 다 녹을 때까지 1분간 끓인다.

4. 밀폐용기에 퍼펙트 고추, 향신 재료를 넣은 후 뜨거울 때 ③을 붓는다. 한 김 식힌 후 밀봉하여 3일간 서늘한 곳에 둔다.

5. 3일 뒤 ④의 피클물만 따라낸 후 냄비에 부어 센 불에서 바글바글 끓어오르면 불을 끈다. 완전히 식힌 후 다시 밀폐용기에 붓고 7일간 서늘한 곳에 둔다.

보관 — 냉장 보관한다.

베이킹 소다를 녹인 물에 담궈두면 농약을 깨끗이 씻을 수 있어요

피클물이 뜨거울 때 부어야 아삭함이 유지돼요

3일 뒤

✳ 퍼펙트 고추란?

퍼펙트 고추는 할라피뇨를 대신해 국내에서 재배되는 고추의 일종으로 할라피뇨보다 매운맛이 덜하고 식감이 아삭하여 피클을 만들기에 좋다. 가락시장이나 온라인 쇼핑몰에서 구입할 수 있다.

총각무피클

- 총각무 1/3단(800g, 무청 40% 사용)
- 양파 1/2개(100g)
- 홍고추 2개
- 풋고추 1개

향신 재료
(또는 피클링 스파이스 1과 1/2 작은술)
- 월계수 잎 2장
- 페페론치노 5~6개(또는 말린 고추 1개)
- 통후추 1작은술
- 오레가노 1/2작은술

피클물
- 설탕 150g(1컵)
- 물 3컵(600㎖)
- 식초 3컵(600㎖)
- 소금 1큰술

준비

1 총각무는 지저분한 잎을 떼어내고 흐르는 물에 깨끗이 씻어 체에 밭쳐 물기를 뺀다. 필러로 껍질을 벗겨 6등분하고 무청은 5~6cm 길이로 썬다. ★ 이때 무청은 40% 정도만 사용한다.

2 양파는 3등분하고, 홍고추와 풋고추는 0.5cm 두께로 어슷 썬다.

만들기

3 밀폐용기에 총각무와 무청, 양파, 홍고추, 풋고추를 골고루 섞어 넣고 향신 재료를 넣는다.

4 냄비에 피클물 재료를 넣고 센 불에서 끓어오르면 설탕이 다 녹을 때까지 1분간 끓인다.

5 피클물이 뜨거울 때 ③에 붓는다. 한 김 식힌 후 밀봉하여 3일간 서늘한 곳에 둔다.

6 3일 뒤 ⑤의 피클물만 따라낸 후 냄비에 부어 센 불에서 바글바글 끓어오르면 불을 끈다. 완전히 식힌 후 다시 밀폐용기에 붓고 7일간 서늘한 곳에 둔다.

보관

— 냉장 보관한다.

✶ 여름철 총각무를 사용한다면?
여름 총각무는 매운맛이 강하니 탄산수(또는 사이다)에 10분간 담갔다가 사용하면 매운맛을 줄일 수 있다.

향신 재료는 총각무피클의 독특한 향을 만들어줘요

3일 뒤

모둠 버섯피클

- 표고버섯 4개(100g)
- 양송이버섯 5개(100g)
- 새송이버섯 3개(210g)
- 양파 1/2개(100g)
- 홍고추 2개

향신 재료
(또는 피클링 스파이스 1과 1/2 작은술)
- 월계수 잎 2장
- 통후추 1작은술
- 오레가노 1/2작은술

피클물
- 설탕 150g(1컵)
- 물 3컵(600㎖)
- 식초 3컵(600㎖)
- 소금 1큰술

준비

1 표고버섯은 더러운 밑동을 살짝 제거하고 양송이버섯은 윗면의 껍질을 벗긴다.

2 표고버섯과 양송이버섯은 모양대로 0.5cm 두께로 썬다. 새송이버섯은 밑동을 제거하고 길이로 2등분한 후 모양대로 0.5cm 두께로 썬다.

3 양파는 0.5cm 두께로 채 썰고, 홍고추는 0.5cm 두께로 어슷 썬다.

만들기

4 밀폐용기에 표고버섯, 양송이버섯, 새송이버섯, 양파, 홍고추를 골고루 섞어 넣고 향신 재료를 넣는다.

5 냄비에 피클물 재료를 넣고 센 불에서 끓어오르면 설탕이 다 녹을 때까지 1분간 끓인다. 뜨거울 때 ④에 붓는다. 한 김 식힌 후 밀봉하여 3일간 서늘한 곳에 둔다.

6 3일 뒤 ⑤의 피클물만 따라낸 후 냄비에 부어 센 불에서 바글바글 끓어오르면 불을 끈다. 완전히 식힌 후 다시 밀폐용기에 붓고 7일간 서늘한 곳에 둔다.

보관

－ 냉장 보관한다.

✳ 재료 대체하는 법

표고버섯, 양송이버섯, 새송이버섯은 하나의 버섯으로 통일해 동량으로 대체 가능하다.

홍고추 씨가 많을 때는 살짝 털어서 사용하세요

버섯은 다른 재료에비해 숨이 빨리 죽어요

3일 뒤

오이지

- 오이 20개(오이지용, 작은 것, 1.5kg)
- 물 4컵(800㎖)
- 소금 1컵(천일염, 150g)

간장물
- 설탕 150g(1컵)
- 양조간장 3컵(600㎖)
- 식초 1컵(200㎖)

준비 1 오이는 겉면을 소금으로 문질러 깨끗이 씻고 물에 헹군다. 체에 밭쳐 물기를 뺀 후 항아리나 밀폐용기에 넣는다.

만들기 2 냄비에 물과 소금을 넣고 센 불에서 끓어오르면 불을 끈다.

3 뜨거울 때 ①의 항아리나 밀폐용기에 붓는다. 한 김 식힌 후 밀봉하여 7일간 서늘한 곳에 둔다.

4 ③의 오이가 절여지면 찬물에 씻은 후 체에 밭쳐 물기를 완전히 뺀다. 다시 항아리에 넣는다.

5 냄비에 간장물 재료를 넣고 중간 불에서 3분간 끓인다. 불을 끄고 완전히 식힌 후 ④에 붓는다. 밀봉한 후 서늘한 곳에 7일간 둔다.

6 7일 뒤 ⑤의 간장물만 따라낸 후 냄비에 부어 중간 불에서 바글바글 끓어오르면 불을 끈다. 완전히 식힌 후 다시 밀폐용기에 붓는다. 이 과정을 7일 간격으로 1~2번 정도 반복한다.

보관 – 냉장 보관한다.
★ 오이지는 간장물에 충분히 잠기지 않으면 곰팡이가 피기 쉬우니 숙성이 끝난 오이지는 2등분하여 간장물에 담가둔다.

✳ 오이지 양념해서 맛있게 먹기
오이지 2개를 0.5cm 두께로 썬 후 다진 양파 1/2큰술, 매실청 1큰술, 통깨 1작은술, 참기름 1작은술, 설탕(또는 올리고당)1큰술을 넣고 무친다.

✳ 오이지용 오이란?
5~6월에 대형마트나 가락시장에서 구입 가능하며 백오이를 사용해도 된다.

1

2

3

4 오이가 잘 절여지면 양손으로 오이를 잡고 당겼을 때 부드럽게 휘어져요

7일 뒤

5

6 간장물을 1~2번 정도 다시 끓여 넣으면 오이지의 보관성이 좋아져요

14일 뒤

통마늘장아찌 88p

마늘종장아찌 89p

통마늘장아찌

- 통마늘 20개(900g)

간장물
- 설탕 75g(1/2컵)
- 양조간장 1컵(200㎖)
- 물 1컵(200㎖)
- 소금 1작은술
- 식초 2컵(400㎖)

준비 1 통마늘은 속껍질만 남겨두고 겉껍질을 벗긴다. 뿌리와 줄기 부분은 제거하고 깨끗이 씻은 후 체에 밭쳐 물기를 뺀다.

만들기 2 밀폐용기에 통마늘을 담는다.

3 냄비에 식초를 제외한 간장물 재료를 넣고 중간 불에서 끓이다가 설탕과 소금이 녹으면 식초를 넣고 2분 더 끓인다.

4 간장물이 뜨거울 때 ②에 부어 한 김 식힌 후 밀봉하여 20일간 서늘한 곳에 둔다.

5 20일 뒤 간장물만 따라낸 후 냄비에 부어 중간 불에서 바글바글 끓어오르면 불을 끈다. 완전히 식힌 후 다시 밀폐용기에 붓는다. 이 과정을 7일 간격으로 2~3번 정도 반복한다.

보관 — 냉장 보관한다. ★ 통마늘장아찌를 2등분한 후 한 알씩 빼서 먹는다.

껍질째 장아찌를 담가야 마늘에 간이 적당하게 배어 짜지 않아요

간장물을 2~3번 정도 다시 끓여 넣으면 장아찌의 보관성이 좋아져요

20일 뒤

✳ **가장 좋은 장아찌용 마늘**
햇마늘이 나오는 4~5월에 붉은색 육쪽마늘로 만들면 가장 맛있다. 껍질째 담그는 이유는 간이 적절히 배어 염도가 높지 않고 오래 보관할 수 있기 때문이다.

마늘종장아찌

- 마늘종 4줌(400g)
- 고추장 4컵(880g)

식초물
- 설탕 75g(1/2컵)
- 물 3컵(600㎖)
- 식초 1컵(200㎖)
- 소금 2큰술

준비
1. 마늘종은 깨끗이 씻은 후 체에 밭쳐 물기를 완전히 뺀다.
2. 마늘종을 3~4줄기씩 둥글게 묶어 밀폐용기에 담는다.

만들기
3. 냄비에 식초물 재료를 넣고 중간 불에서 끓어오르면 설탕이 다 녹을 때까지 1분간 끓인다.
4. 식초물이 뜨거울 때 ②에 붓는다. 한 김 식힌 후 밀봉하여 10일간 서늘한 곳에 둔다.
5. 10일 뒤 마늘종이 노랗게 삭으면 채반에 펼쳐담아 서늘한 곳에서 12시간 동안 꾸덕하게 말린다.
6. 밀폐용기에 고추장을 넣고 말린 마늘종을 고추장 표면 밖으로 나오지 않게 깊이 넣어 박는다. 냉장실에서 1달간 숙성시킨다.

보관 — 냉장 보관한다.

1

2
마늘종을 묶어줘야 식초물에 푹 잘 잠겨요 너무 억세거나 굵다면 5cm 길이로 썰어요

3

4

5
마늘종을 말린 후 장아찌를 만들면 식감이 더 쫄깃해져요

10일 뒤

6

✳️ 마늘종장아찌 양념해서 맛있게 먹기
마늘종 1묶음을 꺼내 고추장을 훑어내고 적당한 길이로 썬다. 참기름 1큰술, 다진 마늘 1큰술, 통깨 약간, 매실청 1작은술을 넣고 무친다.

깻잎장아찌

- 깻잎 약 70장(140g)
- 마늘 5개(25g)

간장물
- 설탕 75g(1/2컵)
- 양조간장 1컵(200㎖)
- 물 1/2컵(100㎖)
- 식초 1/2컵(100㎖)
- 소금 1큰술

준비
1. 깻잎은 흐르는 물에 한 장씩 씻은 후 체에 밭쳐 물기를 뺀다. 마늘은 얇게 편 썬다.

만들기
2. 밀폐용기에 깻잎을 3~4장씩 포개어 담고 편 썬 마늘을 2~3개씩 올린다. 같은 방법으로 깻잎과 마늘을 켜켜이 담는다.

3. 냄비에 간장물 재료를 넣고 중간 불에서 끓어오르면 1분간 더 끓인다.

4. 간장물이 뜨거울 때 ②에 붓는다.

5. 10일간 서늘한 곳에서 숙성시킨다.

보관
- 냉장 보관한다.

1

2

3

4

5

숙성시키는 중간중간에 깻잎의 위아래를 바꿔 주면 간이 고루 배어 좋아요

곰취장아찌

- 곰취 8줌(400g)
- 마늘 3개(15g)

간장물
- 페페론치노 4개(또는 말린 고추 1개)
- 설탕 75g(1/2컵)
- 물 2/3컵(약 130㎖)
- 양조간장 2컵(400㎖)
- 조청 1/2컵(또는 물엿, 올리고당, 100㎖)
- 다시마 10×10cm 1장

준비 1 곰취는 흐르는 물에 씻는다.
체에 밭쳐 물기를 뺀 후 키친타월로
눌러 물기를 완전히 제거한다.
마늘은 편 썬다.

만들기 2 냄비에 간장물 재료, 마늘을 넣고
중간 불에서 끓인다. 가장자리가 끓기
시작하면 약한 불로 줄여 7~10분간
더 끓인다. 다시마를 건져내고
한 김 식힌다.

3 ②에 곰취를 담갔다가 건져
밀폐용기에 넣는다.

4 남은 간장물은 ③의 밀폐용기에
붓는다. 1일간 서늘한 곳에 둔다.

5 1일 뒤 ④의 간장물만 따라낸 후
냄비에 부어 중간 불에서 바글바글
끓어오르면 불을 끈다. 완전히 식힌 후
다시 밀폐용기에 붓는다. 이 과정을
7일 간격으로 2~3번 정도 반복한다.
2주간 서늘한 곳에서 숙성시킨다.

보관 — 냉장 보관한다.

1

2

3

곰취를 간장에
담갔다가 건져내면
양념이 더 잘 배요

4

5

곰취는 간장물에
푹 잠기게 보관해야
맛이 변하지 않아요

8일 뒤

매실장아찌

- 청매실 1kg
- 설탕 700g(약 4와 1/6컵)
- 죽염(또는 구운 소금) 약간

준비

1 청매실은 흐르는 물에 깨끗이 씻은 후
체에 밭쳐 물기를 완전히 뺀다.

2 청매실을 돌려가며 길게 칼집을 내고
열십(+)자로 한 번 더 칼집을 낸다.

만들기

3 볼에 청매실과 설탕의 60%를 넣고
골고루 섞어 30분간 실온에 둔다.

4 밀폐용기에 ③을 넣고 꼭꼭 누른 다음
남은 설탕으로 윗면에 덮는다. 2주간
서늘한 곳에 둔다.

5 2주 뒤 ④의 매실에 죽염을 넣고
골고루 버무린다.

6 냉장실에서 3개월간 숙성시킨다.

보관

— 냉장 보관한다.

1

단단한 청매실로
만들어야 장아찌가
더 맛있어요

2

3

4

윗면에 설탕을
덮어야 보관하는 동안
썩거나 곰팡이가
생기지 않아요

5
죽염에 버무리면
저장성이 높아져요
2주 뒤

6
3개월 뒤

✴ **매실장아찌 담그는 또다른 방법**

처음부터 반으로 갈라 씨를 뺀 후 매실 무게의
70% 분량의 설탕을 넣고 같은 방법으로 담가도
된다. 이렇게 하면 좀 더 아삭한 맛이 난다.
여기 소개된 것처럼 씨째 담그면 쫀득한 맛이
있으니, 기호에 따라 조리방법을 선택할 것.
두 가지 모두 국물은 요리에 매실청, 설탕,
올리고당 대용으로 쓰면 된다.

✴ **매실장아찌 양념해서 맛있게 먹기**

매실장아찌 10개는 과육만 발라내고
볼에 담아 고추장 1큰술, 매실청 1작은술,
참기름 1작은술, 통깨 약간을 넣고 무친다.

95

고추장아찌 98p

더덕장아찌 99p

고추장아찌

- 청양고추 30개(작은 것, 300g)
- 식초 3컵(600㎖)

간장물
- 설탕 75g(1/2컵)
- 양조간장 1과 1/2컵(300㎖)
- 굵은 소금 1/2큰술
- 물엿(또는 올리고당) 1과 1/2큰술

준비
1 청양고추를 흐르는 물에 깨끗이
  씻은 후 가위로 꼭지를 짧게 자른다.
  키친타월로 물기를 완전히 제거한다.

2 청양고추를 꼬치나 이쑤시개로 찔러
  여러 군데 구멍을 낸다.

만들기
3 밀폐용기에 청양고추를 차곡차곡 담고
  식초를 부은 후 밀봉하여 7일간
  서늘한 곳에 둔다.

4 ③의 식초만 따라낸 후 냄비에 붓고
  간장물 재료와 섞어 중간 불에서
  바글바글 끓어오르면 1분간 더
  끓인다.

5 한 김 식인 후 다시 ④의 청양고추에
  붓고 뚜껑을 닫아 밀봉한다. 7일간
  서늘한 곳에 둔다.

6 7일 뒤 ⑤의 간장물만 따라낸 후
  냄비에 부어 중간 불에서 바글바글
  끓어오르면 불을 끈다. 완전히
  식힌 후 다시 밀폐용기에 붓는다.
  냉장실에서 1개월간 숙성시킨다.

보관 — 냉장 보관한다.

구멍을 내면 간이
속까지 잘 배요

7일 뒤

✱ **다른 고추로 대체하기**
청양고추의 매운맛이 부담스럽다면 풋고추로
담가도 된다. 단, 오이고추는 수분이 많아 쉽게
물러지고 보관기간도 길지 않아 적합하지 않다.

✱ **고추장아찌 양념해서 맛있게 먹기**
고추장아찌 7~8개를 한입 크기로 송송 썰어
볼에 담는다. 다진 양파 1큰술, 다진 파 1/2큰술,
통깨 1작은술, 매실청 1큰술, 올리고당 1과 1/2큰술,
참기름 1작은술을 넣고 무친다.

더덕장아찌

- 더덕 10뿌리(큰 것, 500g)
- 물 3컵(600㎖)
- 소금 1/3컵(50g)
- 고추장 3컵(660g)

준비

1 더덕은 칼로 돌려가며 껍질을 벗긴 후 길이로 2등분한다.

2 큰 볼에 물, 소금을 넣고 섞은 후 더덕을 1시간 동안 담가둔다.

만들기

3 더덕은 물에 가볍게 헹궈 물기를 뺀 후 밀대로 가볍게 두들겨 편다.

4 채반에 펼쳐 올려 12시간 동안 서늘한 곳에서 꾸덕하게 말린다.

5 밀폐용기에 고추장을 넣고 말린 더덕을 고추장 표면 밖으로 나오지 않게 깊이 넣어 박는다.

6 냉장실에서 2개월간 숙성시킨다.

보관 - 냉장 보관한다.

소금물에 담가두면 더덕 특유의 쓴맛을 제거할 수 있어요

밀대로 세게 두드리면 더덕이 부서지니 주의하세요

✳ 더덕 손질시 주의점

더덕 껍질을 벗길 때 끈적한 하얀 진액이 나오니 실리콘 장갑(손에 딱 붙는 장갑으로, 대형마트에서 판매)을 끼고 손질하면 편하다. 이렇게 껍질을 바로 벗겨 담그면 더덕의 향이 훨씬 더 좋지만, 손질이 부담된다면 껍질이 벗겨진 더덕을 구입해도 된다.

✳ 더덕장아찌 양념해서 맛있게 먹기

더덕장아찌 100g은 고추장을 훑어내고 한입 크기로 썬다. 볼에 담고 설탕 1/2큰술, 다진 파 1작은술, 참기름 1작은술, 통깨 약간을 넣고 무친다.

2개월 뒤

99

연근장아찌

- 연근 2개(손질한 것, 600g)
- 소금 1컵(150g)
- 물 4컵(800㎖)

간장물
- 설탕 150g(1컵)
- 양조간장 1과 1/2컵(300㎖)
- 물 1컵(200㎖)
- 식초 1컵(200㎖)

준비

1 연근은 흐르는 물에 씻어 껍질을 벗긴 후 0.5cm 두께로 썬다. 밀폐용기에 담는다.

만들기

2 냄비에 소금과 물을 넣고 센 불에서 바글바글 끓어오르면 불을 끈다.

3 ②의 끓는 소금물을 ①의 밀폐용기에 부은 후 밀봉하여 서늘한 곳에 4일간 둔다.

4 4일 뒤 ③을 체에 걸러 소금물만 따라 버린다. 냄비에 간장물 재료를 넣고 중간 불에서 끓어오르면 3분간 끓인 후 한 김 식혀 밀폐용기에 붓는다. 서늘한 곳에 7일간 둔다.

5 7일 뒤 ⑤의 간장물만 따라낸 후 냄비에 부어 중간 불에서 바글바글 끓어오르면 불을 끈다. 완전히 식힌 후 다시 밀폐용기에 붓는다. 이 과정을 7일 간격으로 2~3번 정도 반복한다. 1달간 냉장실에서 숙성시킨다.

보관

- 냉장 보관한다.

연근은 간장물에 푹 잠기게 보관해야 맛이 변하지 않아요

7일 뒤

4일 뒤

✳ 꼬들꼬들한 장아찌 만들기
연근을 소금물에 절인 후 채반에 펼쳐 올려 12시간 동안 말린 후 장아찌를 만들면 꼬들꼬들한 식감의 연근장아찌를 만들 수 있다.

단무지

- 무 2개(2kg)
- 굵은 소금 2컵(300g)
- 물 4컵(800㎖)
- 치자 4개(생략 가능)
- 고추씨 2큰술(생략 가능)
- 페페론치노 4개(또는 말린 고추 1개)

식초물
- 설탕 150g(1컵)
- 물 3컵(600㎖)
- 식초 3컵(600㎖)

준비

1 무는 필러로 껍질을 벗긴 후 길이로 2등분한다.

2 큰 볼에 굵은 소금과 물을 섞은 후 무를 12시간 동안 담가둔다.

3 무는 물에 가볍게 헹군 후 체에 밭쳐 물기를 완전히 뺀다. 치자는 2등분한다.

만들기

4 냄비에 식초물 재료를 넣고 센 불에서 바글바글 끓인다.

5 밀폐용기에 무, 치자, 고추씨, 페페론치노를 담고, ④의 끓인 식초물을 붓는다. 한 김 식힌 후 밀봉하여 서늘한 곳에 3일간 둔다.

6 3일 뒤 ⑤의 식초물만 따라낸 후 냄비에 부어 중간 불에서 바글바글 끓어오르면 불을 끈다. 완전히 식힌 후 다시 밀폐용기에 붓는다. 냉장실에서 10일간 숙성시킨다.

보관

– 냉장 보관한다.

1

2 소금물에 담가두면 무가 부드러워져요

단무지용 무는 가늘고 긴 것을 사용하세요

3

4

5

6 3일 뒤

✳ 치자란?

치자 나무 열매를 말린 것으로 음식에 노란 빛을 내는 천연 착색재로 사용된다. 한방에서 주로 사용되며 불면증, 황달 해소 및 소염, 지혈 효과를 지닌다. 대형마트나 한약 재료상, 재래시장 건어물 판매하는 곳에서 살 수 있다.

배추 막김치

- 얼갈이배추 1포기(약 1kg)
- 쪽파 12줄기(약 100g)
- 굵은 소금 1큰술(절임용)

  찹쌀풀
- 찹쌀가루 1/4컵(약 30g)
- 물 3/4컵(150㎖)

  양념
- 홍고추 간 것 1/2컵(4~5개분)
- 청양고추 간 것 1큰술(1개분)
- 고춧가루 3/4컵(66g)
- 멸치액젓 1/2컵
  (또는 까나리액젓, 100㎖, 염도에 따라 가감)
- 설탕 1큰술
- 다진 마늘 3큰술
- 다진 생강 2작은술

준비

1 얼갈이배추는 상한 잎을 떼어내고 7cm 길이로 썬다. 체에 밭쳐 흐르는 물에 씻은 후 그대로 물기를 뺀다. 쪽파는 4cm 길이로 썬다.

2 큰 볼에 얼갈이배추를 담고 굵은 소금을 골고루 뿌려 30분간 절인다. 숨이 죽으면 흐르는 물에 가볍게 씻은 후 체에 밭쳐 물기를 뺀다.

찹쌀풀을 넣고 골고루 저어주어야 덩어리가 생기지 않아요

만들기

3 냄비에 찹쌀풀 재료를 넣고 섞는다. 중약 불에 올려 거품기로 저어가며 1분 30초간 끓인 후 한 김 식힌다.

4 볼에 찹쌀풀, 양념 재료를 넣고 섞어 양념을 만든다.

5 큰 볼에 얼갈이배추, 쪽파, ④의 양념을 넣어 살살 버무린 다음 밀폐용기에 담는다.

6 김치를 버무린 볼에 물(1/2컵)을 넣어 남은 양념을 싹싹 긁어모아 ⑤의 밀폐용기에 붓고 꼭꼭 눌러 담는다. 서늘한 곳에서 12시간 동안 익힌다.

보관

– 냉장 보관한다.

나박김치 108p

비트 과일 물김치 109p

나박김치

- 배추 500g(손바닥 크기, 약 15장)
- 무 지름 10cm, 두께 5cm 1토막(500g)
- 오이 1/4개(50g)
- 깐 밤 5개(50g)
- 마늘 2쪽(10g)
- 생강 1톨(5g)
- 멸칫국물 1/2컵
  (멸치 5마리 + 물 1컵, 200㎖, 또는 생수)
- 고춧가루 2큰술
- 홍고추 1개(생략 가능)
- 배 1/4개(125g)
- 쪽파 3줄기(15g)
- 홍고추 간 것 2큰술(1개분)

양념	국물
• 설탕 1큰술	• 설탕 1큰술
• 소금 1큰술	• 굵은 소금 1큰술
• 매실청 2큰술	• 생수 4컵(800㎖)

준비

1. 배추는 2.5×2cm 크기로 썰고,
   무는 2.5×2.5×0.5cm 크기로 썬다.
   오이는 3×1.5×0.5cm 크기로 썰고,
   밤은 0.5cm 두께로 편 썬다.
   마늘, 생강은 0.5cm 두께로 모양대로
   편 썬 후 채 썬다.

2. 큰 볼에 배추와 무, 오이, 양념 재료를
   넣고 골고루 버무려 30분간 둔다.
   체에 밭쳐 물기를 뺀다.

3. 고춧가루는 멸칫국물에 5분간 불린다.

4. 홍고추는 2등분해 씨를 털어낸 후
   채 썰고, 배는 2.5×2.5×0.5cm
   크기로 썬다. 쪽파는 3cm 길이로 썬다.

만들기

5. 큰 볼에 배추, 무, 오이, 밤, 마늘, 생강,
   홍고추, 배, 쪽파, 홍고추 간 것을
   넣는다. ③을 체에 걸러 넣고 버무린 후
   밀폐용기에 담는다.

6. 밀폐용기에 국물 재료를 모두 넣고
   섞은 후 실온에서 12시간 동안 익힌다.

보관

- 냉장 보관한다.

✳ 멸칫국물 만들기

물(1컵)에 멸치 5마리를 넣어 센 불에서 끓어오르면
중간 불로 줄인 후 5분간 더 끓인다.

비트 과일 물김치

- 비트 1/2개(200g)
- 사과 1/2개(100g)
- 배 1/2개(250g)
- 빨강 파프리카 1개(200g)
- 노랑 파프리카 1개(200g)
- 쪽파 8줄기(48g)
- 마늘 3쪽(15g)
- 생강 1톨(5g)

양념
- 설탕 1큰술
- 소금 1큰술
- 매실청 2큰술

국물
- 설탕 1큰술
- 소금 2큰술
- 생수 5컵(1ℓ)
- 배 간 것 1/2컵(100㎖, 1/4개분)

준비

1 비트는 껍질을 벗기고 2×2×0.3cm 크기로 썬다.

2 사과는 껍질째 4등분한 후 씨를 제거하고 0.5cm 두께로 썬다. 배는 껍질을 벗겨 4등분한 후 씨를 제거하고 5cm 두께로 썬다.

3 파프리카는 2등분해 씨를 빼고 1cm 두께로 썬다. 쪽파는 3cm 길이로 썬다. 마늘, 생강은 0.5cm 두께로 편 썬 후 채 썬다.

만들기

4 큰 볼에 비트, 사과, 배, 파프리카, 쪽파, 마늘, 생강, 양념 재료를 넣어 골고루 섞은 후 밀폐용기에 담는다.

5 볼에 국물 재료를 넣고 골고루 섞는다.

6 ④에 ⑤를 넣고 잘 섞은 후 실온에서 12시간 동안 익힌다.

보관 — 냉장 보관한다.

배를 갈아 넣으면 자연스러운 단맛의 물김치가 돼요

석류 물김치

- 석류 1개(150g)
- 배추 약 10장(손바닥 크기, 300g)
- 무 지름 10cm, 두께 2cm 1토막(200g)
- 배 1/2개(250g)
- 미나리 1/2줌(35g)
- 쪽파 8줄기(48g)
- 마늘 4쪽(20g)
- 생강 1톨(5g)

양념
- 설탕 1큰술
- 소금 1큰술
- 매실청 2큰술

국물
- 소금 2큰술
- 설탕 1큰술
- 생수 5컵(1ℓ)
- 배 간 것 1/2컵(1/4개분, 100㎖)

준비

1 석류는 껍질째 깨끗이 씻은 다음 겉껍질을 쪼개어 과육만 알알이 떼어낸다.

2 배추는 2×2cm 크기로 썰고, 무는 2×2×0.5cm 크기로 썬다.

3 배는 껍질을 벗겨 2×2×0.5cm 크기로 썬다. 미나리, 쪽파는 3cm 길이로 썬다. 마늘과 생강은 껍질을 벗긴 다음 얇게 편 썬다.

만들기

4 볼에 배추, 무, 양념 재료를 넣고 골고루 섞는다. 20분간 절인 후 체에 받쳐 물기를 뺀다.

5 볼에 국물 재료를 모두 넣고 골고루 섞는다.

6 큰 볼에 ④와 석류, 배, 미나리, 쪽파, 마늘, 생강을 넣어 가볍게 섞은 후 밀폐용기에 담는다. ⑤의 국물을 넣고 밀봉한 후 실온에서 12시간 동안 익힌다.

보관 — 냉장 보관한다.

굴젓

- 굴 250g
- 소금 1과 1/2큰술

찹쌀풀
- 찹쌀가루 5큰술
- 물 1/2컵(100㎖)

양념
- 고운 고춧가루 1/2컵(45g)
- 마늘즙 1큰술
- 생강즙 1작은술

준비 1 굴은 물(3컵)+소금(1큰술)에 넣어 살살 흔들어 씻은 후 체에 밭쳐 물기를 뺀다.

2 굴에 소금을 뿌려 버무린 후 1시간 정도 그대로 둔다. 체에 밭쳐 물기를 빼고 굴에서 나온 국물을 버리지 않고 둔다.

만들기 3 냄비에 찹쌀풀 재료를 넣고 잘 섞는다. 중약 불에서 저어가며 1분 30초간 끓인 후 한 김 식힌다.

4 큰 볼에 굴에서 나온 국물(약 70㎖), 찹쌀풀, 양념을 넣고 섞은 후 20분간 그대로 둔다.

5 ④에 굴을 넣고 뭉그러지지 않게 숟가락 또는 젓가락을 이용하여 살살 버무린다. 밀폐용기에 넣어 냉장실에서 2일간 숙성시킨다.

보관 — 냉장 보관한다.

소금물에 씻으면 생굴의 비릿한 맛이 사라져요

찹쌀풀을 넣고 골고루 저어주어야 덩어리가 생기지 않아요

✳ **굴 고르는 법**
자연산 굴은 밝은 우윳빛을 띠고 가장자리의 검은 선이 선명하며 미끌거리지 않는 것을 고른다. 봉지 굴은 물이 맑고 육질이 탱탱하며 알이 작은 것이 좋다. 조수간만의 차가 큰 서해안에서 자란 굴은 바닷물에 잠겨있는 시간이 짧아 크기가 작고 쫄깃한 것이 특징이며 1년 내내 바닷물에 잠겨있는 남해굴은 크기가 크다.

전복장 117p

대하장 118p

114

간장게장 119p

재료
손질

전복 손질(레시피 117쪽)
★ 살이 통통하고 탄력이 있는, 살아있는
전복을 고른다.

1 볼에 살아있는 전복과 굵은 소금을 넣고
바락바락 주물러 흐르는 물에 씻는다.

2 전복은 껍질째 조리용 솔로 구석구석
닦는다. ★ 전복의 껍질도 함께 이용하므로
솔을 이용하여 껍질 부분도 깨끗하게
닦는다.

대하 손질(레시피 118쪽)
★ 윤기가 나고 껍질이 단단한 것을 고른다.
대하가 제철인 가을에는 살아있는 것을
사서 물에 살짝 담가 움직임이 둔해지면
손질해 담근다. 제철이 아닐 때는
재래시장에서 신선한 것을 급냉한 것을
사다가 찬물에 비닐째 담가 해동한 후
바로 손질한다. 마트에서 파는 냉동했다가
해동한 대하는 피할 것.

1 대하는 굵은 소금으로 문질러 씻은
다음 흐르는 물에 씻는다.

2 대하의 입, 긴 수염, 머리 위의 뾰족한
부분을 가위로 자른다.

3 등 쪽 두 번째와 세 번째 마디 사이에
이쑤시개를 찔러 넣어 내장을
제거한다.

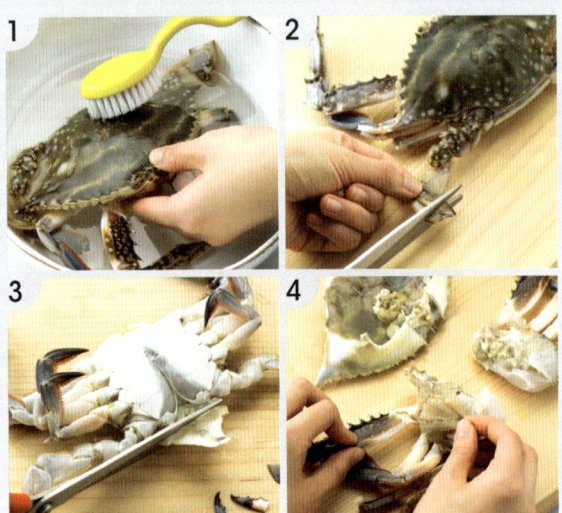

꽃게 손질(레시피 119쪽)
★ 살이 꽉 차서 묵직하고 움직임이 활발한,
살아있는 꽃게로 산다. 물에 담가두어 움직임이
둔해지면 배딱지를 떼고 잠시 두었다가 움직임이
더 없어지면 손질한다. 계속 많이 움직이면
냉동실에 10분간 넣어 기절시킨 후 손질한다.

1 꽃게는 살아 있는 것으로 준비한다. 조리용
솔로 구석구석 문질러 깨끗이 씻는다.

2 가위로 집게발의 끝을 자르고 나머지 다리
끝쪽의 지저분한 부분을 자른다.

3 몸통 앞부분의 삼각형 모양의 딱지를 벌려
가위로 자른다.

4 꽃게의 입 부분에 엄지 손가락을 넣고 벌려
분리한다. 몸통은 2등분하고 모래주머니를
떼어낸다. 내장은 버리지 않고 모아둔다.
★ 짙은 검은색 내장은 쓰지 않는 것이 좋다.

전복장

- 전복 20개(살아있는 것, 중간 크기)
- 대파 10cm 1대
- 마늘 5쪽(25g)
- 생강 1톨
- 페페론치노 4개(또는 말린 고추 1개)

간장물
- 설탕 75g(1/2컵)
- 양조간장 2컵(400㎖)
- 물 1/2컵(100㎖)
- 맛술 1/4컵(50㎖)
- 소금 1/2큰술
- 물엿(또는 올리고당) 1큰술
- 통후추 1/3작은술

준비 1 대파는 3cm 길이로 썰어 2등분하고, 마늘과 생강은 편 썬다. 페페론치노는 가위로 2등분한다.

만들기 2 냄비에 간장물 재료를 넣고 중간 불에서 끓어오르면 5분간 끓인 후 완전히 식힌다.

3 밀폐용기에 손질한 전복을 담고 대파, 마늘, 생강, 페페론치노를 올린다. ②의 간장물을 붓고 2~3일간 냉장실에 둔다.

4 ③의 간장물만 따라낸 후 냄비에 부어 중간 불에서 바글바글 끓어오르면 불을 끈다. 완전히 식힌 후 다시 밀폐용기에 붓는다. 냉장실에서 2일간 숙성시킨다.

보관 - 냉장 보관한다.

먹는 법 5 전복 껍질과 전복살 사이에 숟가락을 넣어 껍질과 살을 분리한다.

6 입 사이에 칼집을 넣어 이빨을 제거한 후 내장을 떼어내고 먹기 좋게 썬다.

2일 뒤

숙성된 전복장은 숟가락으로 조금만 긁어줘도 잘 분리돼요

대하장

- 대하 15마리(살아있는 것, 또는 냉동된 것, 750g)
- 대파 10cm 1대
- 마늘 5쪽(25g)
- 생강 1톨(5g)
- 페페론치노 4개(또는 말린 고추 1개)

간장물
- 설탕 75g(1/2컵)
- 양조간장 2컵(400㎖)
- 물 1/2컵(100㎖)
- 맛술 1/4컵(50㎖)
- 소금 1/2큰술
- 물엿(또는 올리고당) 1큰술
- 통후추 1/3작은술

준비 1 대파는 3cm 길이로 썰어 2등분하고, 마늘과 생강은 편 썬다. 페페론치노는 가위로 2등분한다.

만들기 2 냄비에 간장물 재료를 넣고 중간 불에서 끓어오르면 5분간 끓인 후 완전히 식힌다.

3 밀폐용기에 손질한 대하를 담고 대파와 마늘, 생강, 페페론치노를 올린다.

4 ③에 ②의 간장물을 붓고 2~3일간 냉장실에 둔다.

5 ④의 간장물만 따라낸 후 냄비에 부어 중간 불에서 바글바글 끓어오르면 불을 끈다. 완전히 식힌 후 다시 밀폐용기에 붓는다.

6 냉장실에서 2일간 숙성시킨다.

보관 - 냉장 보관한다.

먹는 법 대하의 머리를 떼고 껍질을 벗겨 먹기 좋게 썬다.

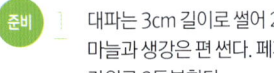
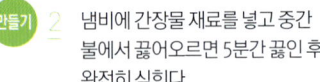

1

2 간장물을 완전히 식힌 후 부어야 대하가 익지 않아요

3

4

5

6

2일 뒤

간장게장

- 꽃게 6마리(1.8kg)
- 대파 10cm 2대
- 마늘 5쪽(25g)
- 생강 2톨(10g)
- 페페론치노 4개(또는 말린 고추 1개)

간장물
- 설탕 120g(약 4/5컵)
- 양조간장 4컵(800㎖)
- 물 1컵(200㎖)
- 맛술 1/2컵(100㎖)
- 소금 1큰술
- 물엿(또는 올리고당) 2큰술
- 통후추 1/2작은술

준비 대파는 3cm 길이로 썰어 2등분하고 마늘과 생강은 편 썬다. 페페론치노는 가위로 2등분한다.

만들기 2 냄비에 간장물 재료를 넣고 중간 불에서 끓어오르면 5분간 끓인 후 완전히 식힌다.

3 밀폐용기에 손질한 게, 게딱지와 내장을 담고 대파, 마늘, 생강, 페페론치노를 넣는다.

4 ③에 ②의 간장물을 붓고 2~3일간 냉장실에 둔다.

5 ④의 간장물만 따라낸 후 냄비에 부어 중간 불에서 바글바글 끓어오르면 불을 끈다. 완전히 식힌 후 다시 밀폐용기에 붓는다.

6 냉장실에서 2일간 숙성시킨다.

보관 냉장 보관한다.

먹는법 먹기 좋게 가위로 잘라 먹는다.

내장과 게딱지도 모두 넣어야 맛이 더 좋아요

2일 뒤

119

발효액,
청, 식초, 술

Chapter 3 몸에 좋은 재료들을 최소한의 설탕을 더해 발효시켜
만들었습니다. 오랜 시간 발효, 숙성시키기 때문에 온도가
일정한 서늘한 곳에 보관해야 하고, 설탕량도 정확하게
넣어야 곰팡이가 생기지 않습니다.

발효액 & 청_ 발효액과 청은 당절임 후 미생물에 의한 발효 과정을 거쳐
유익한 성분이 우러난 것. 청은 건더기를 걸러내고 바로 사용하고, 발효액은
건더기를 걸러내고 액만 따로 담아 6개월 더 숙성시키는 것이 차이점.
발효액의 종류에 따라 건더기와 함께 1년간 숙성시키는 것도 있음.

발효액과 청 모두 물에 타서 음료로 마셔도 되고, 요리에서 설탕이나
올리고당 대신 활용해도 좋아요. 발효액은 향이 좋은 제철 잎채소들로도
만드는 데 이때 먼저 재료를 물에 담가 수분을 많이 머금도록 해야 발효액이
많이 만들어져요. 설탕을 넣고 2주 정도는 매일 한 번씩 저어 주어야
설탕이 완전히 녹아 발효도 잘 된답니다.

식초_ 맛과 향이 좋은 재료를 식초에 더하거나, 재료 자체를 오랜 시간
발효, 숙성시켜 만든 식초

원하는 과일이나 허브 등으로 다양하게 만들고 냉장 보관하며 요리에
활용하세요. 직접 숙성시킨 식초들은 물에 타서 음료로 마셔도 좋아요.

술_ 재료에 담금주에 붓고 오랜 시간 숙성시켜 풍미를 더한 술

오랜 시간 동안 발효해야 맛과 향, 좋은 성분들이 충분히 우러나니
각 술마다 제시한 숙성기간을 지켜주세요.

마늘발효액 면역력을 높이고 항암효과가 있어요

- 마늘 1kg
- 설탕 800g(약 5와 1/3컵)

준비 1 마늘은 꼭지를 제거하고 껍질을 벗긴다. 물에 10분간 담가둔 후 물기를 완전히 뺀다.

만들기 2 큰 볼에 마늘, 설탕의 60%를 넣고 가볍게 버무린다.

3 밀폐용기에 ②를 넣고 꼭꼭 누른 다음 남은 설탕을 담고 뚜껑을 덮어 밀봉한다.

4 10일 뒤 재료 위쪽의 설탕이 반 정도 녹으면 위아래로 골고루 섞는다. 설탕이 거의 녹을 때까지 4주간 서늘한 곳에서 계속 반복하여 섞는다.

발효 5 설탕이 다 녹으면 6개월간 냉장실에서 1차 발효시킨다.

6 1차 발효가 끝나면 체에 걸러 발효액만 다른 밀폐용기에 옮겨 담는다. 6개월간 냉장실에서 2차 발효시킨다.

보관 — 냉장 보관한다.

활용 — 물 2컵(400㎖)에 발효액 2~3큰술을 넣고 희석해 따뜻하게 차로 마시거나, 시원하게 음료로 마신다. 모든 요리에 당류(설탕 또는 올리고당) 대신 넣으면 부드러운 단맛을 낸다.

10일 뒤

마늘은 다른 재료에 비해 설탕의 녹는 속도가 느린 편이에요

1차 발효 시 마늘이 발효액에 잠기지 않으면 공팡이가 생길 수 있으니 7일에 한 번씩 저어주세요

6개월 뒤

1년 뒤

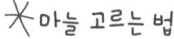 **마늘 고르는 법**
마늘은 국내산으로 겉껍질이 단단하고 껍질은 붉은빛이 도는 것을 고른다.

무발효액 기관지 건강을 강화하고 해열 작용이 있어요

- 무 지름 10cm, 두께 10cm 1토막(1kg)
- 설탕 1kg(약 6과 2/3컵)

준비
1 무는 깨끗이 씻어 물에 10분간 담가둔다. 필러로 껍질을 벗기고 반으로 썰어 0.5cm 두께로 편 썬 후 다시 0.5cm 두께로 채 썬다.

만들기
2 큰 볼에 무, 설탕의 60%를 넣고 가볍게 버무린다.

3 밀폐용기에 ②를 넣고 꼭꼭 누른 다음 남은 설탕을 담고 뚜껑을 덮어 밀봉한다.

4 2일 뒤 재료 위쪽의 설탕이 반 정도 녹으면 위아래로 골고루 섞는다. 설탕이 거의 녹을 때까지 5일간 서늘한 곳에서 계속 반복하여 섞는다.

발효
5 설탕이 다 녹으면 6개월간 냉장실에서 1차 발효시킨다.

6 1차 발효가 끝나면 체에 걸러 발효액만 다른 밀폐용기에 옮겨 담는다. 6개월간 냉장실에서 2차 발효시킨다.

보관
— 냉장 보관한다.

활용
물 2컵(400㎖)에 발효액 2~3큰술을 넣고 희석해 따뜻하게 차로 마시거나, 시원하게 음료로 마신다.
모든 요리에 당류(설탕 또는 올리고당) 대신 넣으면 부드러운 단맛을 낸다.

설탕이 녹는 속도는 계절과 환경에 따라 조금씩 다르니 주의하세요

1차 발효 시 무가 발효액에 잠기지 않으면 곰팡이가 생길 수 있으니 7일에 한 번씩 저어주세요

7일 뒤

6개월 뒤

1년 뒤

✳ 무 건더기 활용법

무 건더기는 6개월간 고추장에 박아둔다. 고추장에서 꺼낸 무 200g, 다진 양파 1작은술, 통깨 1작은술, 참기름 1작은술을 볼에 넣고 무친다.

125

배발효액 129p

콩나물 시금치발효액 128p

미나리발효액 131p

양파발효액 130p

콩나물 시금치발효액 숙취 해소와 변비 예방에 좋아요

- 콩나물 8줌(400g)
- 시금치 8줌(400g)
- 설탕 800g(약 5와 1/3컵)

준비 1 콩나물은 물에 10분간 담가둔 후 체에 밭쳐 물기를 뺀다. 시금치는 뿌리를 제거하고 물에 10분간 담가둔 후 체에 밭쳐 물기를 뺀다.

만들기 2 큰 볼에 콩나물, 시금치, 설탕의 60%를 넣어 가볍게 버무린다.

3 밀폐용기에 ②를 넣고 꼭꼭 누른 다음 남은 설탕을 담고 뚜껑을 덮어 밀봉한다.

4 1일 뒤 재료 위쪽의 설탕이 반 정도 녹으면 위아래로 골고루 섞는다. 설탕이 거의 녹을 때까지 3일간 서늘한 곳에서 계속 반복하여 섞는다.

발효 5 설탕이 다 녹으면 6개월간 냉장실에서 1차 발효시킨다.

6 1차 발효가 끝나면 체에 걸러 발효액만 다른 밀폐용기에 옮겨 담는다. 6개월간 냉장실에서 2차 발효시킨다.

보관 — 냉장 보관한다.

활용 — 물 2컵(400㎖)에 발효액 2~3큰술을 넣고 희석해 따뜻하게 차로 마시거나, 시원하게 음료로 마신다.
모든 요리에 당류(설탕 또는 올리고당) 대신 넣으면 부드러운 단맛을 낸다.

1

2

3

4 4일 뒤

설탕이 녹는 속도는 계절과 환경에 따라 조금씩 다르니 주의하세요

5

6

1차 발효 시 콩나물과 시금치가 발효액에 잠기지 않으면 곰팡이가 생길 수 있으니 7일에 한 번씩 저어주세요

6개월 뒤

1년 뒤

배 발효액
피부 미용, 숙취 및 갈증 해소에 효과적이에요

- 배 800g(작은 것, 2개)
- 설탕 800g(약 5와 1/3컵)

준비

1 배는 껍질째 물에 10분간 담가둔다. 깨끗이 씻은 후 물기를 없애고 껍질을 벗긴다. 8등분한 후 씨를 제거하고 1cm 폭으로 썬다.

만들기

2 큰 볼에 배, 설탕의 60%를 넣어 가볍게 버무린다.

3 밀폐용기에 ②를 넣고 꼭꼭 누른 다음 남은 설탕을 담고 뚜껑을 덮어 밀봉한다.

4 2일 뒤 재료 위쪽의 설탕이 반 정도 녹으면 위아래로 골고루 섞는다. 설탕이 거의 녹을 때까지 5일간 서늘한 곳에서 계속 반복하여 섞는다.

발효

5 설탕이 다 녹으면 6개월간 냉장실에서 1차 발효시킨다.
★ 수분 함량이 많은 재료는 설탕이 녹으면 부피가 줄어드니 작은 용기에 옮겨 보관해도 좋다.

6 1차 발효가 끝나면 체에 걸러 발효액만 다른 밀폐용기에 옮겨 담는다. 6개월간 냉장실에서 2차 발효시킨다.

보관
냉장 보관한다.

활용
물 2컵(400㎖)에 발효액 2~3큰술을 넣고 희석해 따뜻하게 차로 마시거나, 시원하게 음료로 마신다.
모든 요리에 당류(설탕 또는 올리고당) 대신 넣으면 부드러운 단맛을 낸다.

> 설탕이 녹는 속도는 계절과 환경에 따라 조금씩 다르니 주의하세요

> 1차발효 시 배가 발효액에 잠기지 않으면 곰팡이가 생길 수 있으니 7일에 한 번씩 저어주세요

6개월 뒤

1년 뒤

✳ 배 고르는 법
배는 들었을 때 묵직하고 겉면에 상처가 없는 것을 고르고 유기농으로 재배한 것을 이용하면 좋다.

129

양파발효액 간 기능을 강화하고 몸 안의 독소를 배출하는 해독 작용이 있어요

- 양파 5개(1kg)
- 설탕 1kg(약 6과 2/3컵)

준비 1 양파는 깨끗이 씻은 후 체에 밭쳐 물기를
완전히 빼고 한입 크기로 썬다.

만들기 2 큰 볼에 양파, 설탕의 60%를 넣어
가볍게 버무린다.

3 밀폐용기에 ②를 넣고 꼭꼭 누른 다음
남은 설탕을 담고 뚜껑을 덮어 밀봉한다.

4 3~4일 뒤 재료 위쪽의 설탕이 반 정도
녹으면 위아래로 골고루 섞는다.
설탕이 거의 녹을 때까지 2주간
서늘한 곳에서 계속 반복하여 섞는다.

발효 5 설탕이 다 녹으면 6개월간 냉장실에서
1차 발효시킨다. ★ 수분 함량이 많은
재료는 설탕이 녹으며 부피가 줄어드니
작은 용기에 옮겨 보관해도 좋다.

6 1차 발효가 끝나면 체에 걸러
발효액만 다른 밀폐용기에 옮겨 담는다.
6개월간 냉장실에서 2차 발효시킨다.

보관 — 냉장 보관한다.

활용 — 물 2컵(400㎖)에 발효액 2~3큰술을
넣고 희석해 따뜻하게 차로 마시거나,
시원하게 음료로 마신다.
모든 요리에 당류(설탕 또는 올리고당)
대신 넣으면 부드러운 단맛을 낸다.

설탕이 녹는 속도는
계절과 환경에 따라
조금씩 다르니 주의하세요

1차 발효 시 양파가
발효액에 잠기지 않으면
곰팡이가 생길 수 있으니
7일에 한 번씩 저어주세요

미나리발효액 신진대사를 촉진하고 변비 해소에 효과적이에요

- 미나리 800g
- 설탕 800g(약 5와 1/3컵)

준비 1 미나리는 흐르는 물에 여러 번 씻은 후 물에 30분 이상 담가둔다. 체에 밭쳐 물기를 완전히 뺀 후 5cm 길이로 썬다.

만들기 2 큰 볼에 미나리, 설탕의 60%를 넣어 가볍게 버무린다.

3 밀폐용기에 ②를 넣고 꼭꼭 누른 다음 남은 설탕을 담고 뚜껑을 덮어 밀봉한다.

4 4~5일 뒤 재료 위쪽의 설탕이 반 정도 녹으면 위아래로 골고루 섞는다. 설탕이 거의 녹을 때까지 7일간 서늘한 곳에서 계속 반복하여 섞는다.

발효 5 설탕이 다 녹으면 6개월간 냉장실에서 1차 발효시킨다.

6 1차 발효가 끝나면 체에 걸러 발효액만 다른 밀폐용기에 옮겨 담는다. 6개월간 냉장실에서 2차 발효시킨다.

보관 — 냉장 보관한다.

활용 — 물 2컵(400㎖)에 발효액 2~3큰술을 넣고 희석해 따뜻하게 차로 마시거나, 시원하게 음료로 마신다.
모든 요리에 당류(설탕 또는 올리고당) 대신 넣으면 부드러운 단맛을 낸다.

1

미나리가 충분히 수분을 머금어야 발효가 잘 되고 발효액도 많이 생겨요

2

3

4 12일 뒤

설탕이 녹는 속도는 계절과 환경에 따라 조금씩 다르니 주의하세요

5

1차 발효 시 미나리가 발효액에 잠기지 않으면 곰팡이가 생길 수 있으니 7일에 한 번씩 저어주세요

6개월 뒤

6

1년 뒤

✳ 미나리 고르는 법

미나리는 자연산 돌미나리나 유기농으로 재배한 밭미나리를 준비한다. 녹색이 선명하고 줄기가 굵지 않은 것을 고르고 줄기와 잎을 모두 사용한다.

Keep Me

표고버섯 발효액
콜레스테롤 수치를 낮추고 고혈압, 동맥경화 예방에 효과적이에요

- 표고버섯 24개(600g)
- 설탕 600g(4컵)

준비

1. 표고버섯은 밑동의 지저분한 끝 부분을 제거한다. 갓 안쪽이 손상되지 않도록 흐르는 물에 깨끗이 씻어 물에 10분간 담가둔 후 체에 받쳐 물기를 뺀다.

2. 표고버섯은 기둥째 모양대로 0.3cm 두께로 썬다.

만들기

3. 큰 볼에 표고버섯, 설탕의 60%를 넣고 가볍게 버무린다. 밀폐용기에 넣고 꾹꾹 누른 다음 남은 설탕을 담고 뚜껑을 덮어 밀봉한다.

4. 2일 뒤 재료 위쪽의 설탕이 반 정도 녹으면 위아래로 골고루 섞는다. 설탕이 거의 녹을 때까지 5일간 서늘한 곳에서 계속 반복하여 섞는다.

발효

5. 설탕이 다 녹으면 6개월간 냉장실에서 1차 발효시킨다.

6. 1차 발효가 끝나면 체에 걸러 발효액만 다른 밀폐용기에 옮겨 담는다. 6개월간 냉장실에서 2차 발효시킨다.

보관 — 냉장 보관한다.

활용 — 물 2컵(400㎖)에 발효액 2~3큰술을 넣고 희석해 따뜻하게 차로 마시거나, 시원하게 음료로 마신다.
모든 요리에 당류(설탕 또는 올리고당) 대신 넣으면 부드러운 단맛을 낸다.

1
표고버섯이 충분히 수분을 머금어야 발효가 잘 되고 발효액도 많이 생겨요

2
설탕이 녹는 속도는 계절과 환경에 따라 조금씩 다르니 주의하세요

3

4

5
1차 발효 시 표고버섯이 발효액에 잠기지 않으면 곰팡이가 생길 수 있으니 7일에 한 번씩 저어주세요

6개월 뒤

6
1년 뒤

✳ 표고버섯 고르는 법
표고버섯은 표면이 마르지 않고 싱싱하며 향이 짙은 것을 고른다.

방풍나물발효액 136P

취나물발효액 137P

도라지발효액 138P

쑥발효액 139P

방풍나물발효액 면역력을 높여 알레르기를 예방하고 해열, 염증 완화에 좋아요

- 방풍나물 800g
- 설탕 800g(약 5와 1/3컵)

준비 1. 방풍나물은 흐르는 물에 흔들어 씻어 물에 10분간 담가둔 후 체에 밭쳐 물기를 뺀다. 방풍나물 잎이 크면 반으로 썬다.

만들기 2. 큰 볼에 방풍나물, 설탕의 60%를 넣고 가볍게 버무린다.

3. 밀폐용기에 ②를 넣고 꼭꼭 누른 다음 남은 설탕을 담고 뚜껑을 덮어 밀봉한다.

4. 3~4일 뒤 재료 위쪽의 설탕이 반 정도 녹으면 위아래로 골고루 섞는다. 설탕이 거의 녹을 때까지 2주간 서늘한 곳에서 계속 반복하여 섞는다.

발효 5. 설탕이 다 녹으면 1년간 냉장실에서 발효시킨다.

보관 – 냉장 보관한다.

활용 – 물 2컵(400㎖)에 발효액 2~3큰술을 넣고 희석해 따뜻하게 차로 마시거나, 시원하게 음료로 마신다.
모든 요리에 당류(설탕 또는 올리고당) 대신 넣으면 부드러운 단맛을 낸다.

1

2

방풍나물이 충분히 수분을 머금어야 발효가 잘되고 발효액도 많이 생겨요

3

4

설탕이 녹는 속도는 계절과 환경에 따라 조금씩 다르니 주의하세요

2주 뒤

5

발효 시 방풍나물이 발효액에 잠기지 않으면 곰팡이가 생길 수 있으니 7일에 한 번씩 저어주세요

1년 뒤

✳ 방풍나물 건더기 활용법

방풍나물 건더기 200g을 한입 크기로 썬다.
다진 양파 1큰술, 양조간장 1과 1/2큰술,
다진 마늘 1/2작은술, 통깨 1/2큰술,
참기름 1큰술을 넣고 무친다.

취나물발효액

폐를 건강하게 하고 기침, 가래 예방에 효과적이에요

- 취나물 800g
- 설탕 800g(약 5와 1/3컵)

준비 1. 취나물은 흐르는 물에 흔들어 씻어 물에 10분간 담가둔 후 체에 밭쳐 물기를 뺀다.

만들기 2. 큰 볼에 취나물, 설탕의 60%를 넣고 가볍게 버무린다.

3. 밀폐용기에 ②를 넣고 꼭꼭 누른 다음 남은 설탕을 담고 뚜껑을 덮어 밀봉한다.

4. 4~5일 뒤 재료 위쪽의 설탕이 반 정도 녹으면 위아래로 골고루 섞는다. 설탕이 거의 녹을 때까지 2주간 서늘한 곳에서 계속 반복하여 섞는다.

발효 5. 설탕이 다 녹으면 1년간 냉장실에서 발효시킨다.

보관 ─ 냉장 보관한다.

활용 물 2컵(400㎖)에 발효액 2~3큰술을 넣고 희석해 따뜻하게 차로 마시거나, 시원하게 음료로 마신다. 모든 요리에 당류(설탕 또는 올리고당) 대신 넣으면 부드러운 단맛을 낸다.

1

취나물이 충분히 수분을 머금어야 발효가 잘되고 발효액도 많이 생겨요

2

설탕이 녹는 속도는 계절과 환경에 따라 조금씩 다르니 주의하세요

3

윗면에 설탕을 두껍게 덮어야 발효되는 도중 곰팡이가 생기지 않아요

4

2주 뒤

5

발효 시 취나물이 발효액에 잠기지 않으면 곰팡이가 생길 수 있으니 7일에 한 번씩 저어주세요

1년 뒤

※ **취나물 건더기 활용법**
취나물 건더기 2컵(300g)에 식초 4컵(800㎖)을 넣고 숙성시켜 취나물발효액식초(152쪽)를 만든다.

도라지발효액

기관지 건강에 좋고 빈혈, 두통 예방에 효과적이에요

- 도라지 800g
- 설탕 800g(약 5와 1/3컵)

준비

1. 도라지는 흐르는 물에 흔들어 씻어 물에 10분간 담가둔 후 체에 밭쳐 물기를 뺀다.

2. 도라지는 지저분한 윗부분을 제거하고 작은 칼로 돌려가며 껍질을 벗긴 다음 어슷 썬다.

만들기

3. 큰 볼에 도라지, 설탕의 60%를 넣고 가볍게 버무린다.

4. 밀폐용기에 ③을 넣고 꼭꼭 누른 다음 남은 설탕을 담고 뚜껑을 덮어 밀봉한다.

5. 10일 뒤 재료 위쪽의 설탕이 반 정도 녹으면 위아래로 골고루 섞는다. 설탕이 거의 녹을 때까지 2주간 서늘한 곳에서 계속 반복하여 섞는다.

발효

6. 설탕이 다 녹으면 1년간 냉장실에서 발효시킨다.

보관

— 냉장 보관한다.

활용

물 2컵(400㎖)에 발효액 2~3큰술을 넣고 희석해 따뜻하게 차로 마시거나, 시원하게 음료로 마신다.
모든 요리에 당류(설탕 또는 올리고당) 대신 넣으면 부드러운 단맛을 낸다.

1

2

도라지가 충분히 수분을 머금어야 발효가 잘 되고 발효액도 많이 생겨요

3

4

발효 시 도라지가 발효액에 잠기지 않으면 곰팡이가 생길 수 있으니 7일에 한 번씩 저어주세요

5

설탕이 녹는 속도는 계절과 환경에 따라 조금씩 다르니 주의하세요

6

2주 뒤

1년 뒤

✱ **도라지 고르는 법**

도라지는 흙이 묻어있고 표면이 마르지 않은 싱싱한 것으로 고른다.

쑥발효액

몸을 따뜻하게 하고 자궁의 염증을 완화시켜 특히 여자들에게 좋아요

- 쑥 800g
- 설탕 800g(약 5와 1/3컵)

준비

1. 쑥은 흐르는 물에 흔들어 씻어 물에 10분간 담가둔 후 체에 밭쳐 물기를 뺀다.

만들기

2. 큰 볼에 쑥, 설탕의 60%를 넣고 가볍게 버무린다.

3. 밀폐용기에 ②를 넣고 꼭꼭 누른 다음 남은 설탕을 담고 뚜껑을 덮어 밀봉한다.

4. 3~4일 뒤 재료 위쪽의 설탕이 반 정도 녹으면 위아래로 골고루 섞는다. 설탕이 거의 녹을 때까지 2주간 서늘한 곳에서 계속 반복하여 섞는다.

발효

5. 설탕이 다 녹으면 1년간 냉장실에서 발효시킨다.

보관

- 냉장 보관한다.

활용

물 2컵(400㎖)에 발효액 2~3큰술을 넣고 희석해 따뜻하게 차로 마시거나, 시원하게 음료로 마신다.
모든 요리에 당류(설탕 또는 올리고당) 대신 넣으면 부드러운 단맛을 낸다.

1

쑥이 충분히 수분을 머금어야 발효가 잘 되고 발효액도 많이 생겨요

2

3

4

설탕이 녹는 속도는 계절과 환경에 따라 조금씩 다르니 주의하세요

2주 뒤

5

발효 시 쑥이 발효액에 잠기지 않으면 곰팡이가 생길 수 있으니 7일에 한 번씩 저어주세요

1년 뒤

오미자청

- 오미자 800g
- 설탕 880g(약 5와 4/5컵)

준비 1 오미자는 열매가 터지지 않도록 주의하며 줄기째 흐르는 물에 살살 씻은 후 체에 밭쳐 물기를 뺀다.

만들기 2 큰 볼에 오미자, 설탕을 넣고 오미자 과육이 으깨지지 않도록 가볍게 섞는다.

3 밀폐용기에 ②를 넣고 꼭꼭 누른 다음 남은 설탕을 담고 뚜껑을 덮어 밀봉한다.

4 3~4일 뒤 재료 위쪽의 설탕이 반 정도 녹으면 위아래로 골고루 섞는다. 설탕이 거의 녹을 때까지 2주간 서늘한 곳에서 계속 반복하여 섞는다.

숙성 5 설탕이 다 녹으면 3~4개월간 냉장실에서 숙성시킨다. 오미자의 맛이 우러나면 체에 걸러 오미자청만 따라낸 후 다른 밀폐용기에 옮겨 담는다. ★ 숙성시키는 동안 중간중간 한 번씩 저어준다.

보관 — 냉장 보관한다.

활용 — 기호에 따라 물에 희석해 음료로 마시거나 화채를 만들 때 밑 국물로 활용한다. 불심지에 배습 내신 활용하면 단맛과 예쁜 색을 더할 수 있다.

1 열매가 터지지 않아야 깔끔하고 맛있는 청이 만들어져요

2

오미자가 잠길 정도의 청이 생기면 과육이 푹 잠기도록 해야 보관성이 좋아져요

3

윗면을 꾹꾹 눌러야 재료와 설탕이 잘 섞여 발효가 잘되요

4 2주 뒤

5 3~4개월 뒤

✳ **오미자 고르는 법**
오미자 과육이 많고 진액이 나오며 독특한 신맛이 강한 것이 좋다. 흰 가루가 묻어 있지 않은 것으로 고른다.

매실청

- 청매실 800g
- 대추 15개(30g)
- 물 1/2컵(100㎖)
- 설탕A 150g(1컵)
- 꿀 1/2컵(100㎖)
- 설탕B 200g(약 1과 1/3컵)

준비 1 청매실과 대추는 흐르는 물에 깨끗이 씻은 후 체에 밭쳐 물기를 완전히 뺀다. 청매실은 이쑤시개로 10~15군데씩 구멍을 낸다.

2 대추는 가위 끝으로 군데군데 칼집을 낸다.

만들기 3 냄비에 물과 설탕A를 넣고 센 불에서 끓여 가장자리가 끓어오르면 약한 불로 줄인다. 냄비를 돌려가며 3분간 더 끓여 설탕을 녹인다. 꿀을 넣고 골고루 섞은 후 불을 끄고 식힌다.

4 밀폐용기에 청매실, 대추, 설탕B를 켜켜이 담고 ③의 시럽을 붓는다.

5 설탕이 녹도록 위아래로 골고루 섞는다. 설탕이 거의 녹을 때까지 7일간 서늘한 곳에서 계속 반복하여 섞는다.

숙성 6 설탕이 다 녹으면 3~4개월간 냉장실에서 숙성시킨다. 매실의 맛이 우러나면 체에 걸러 매실청만 따라낸 후 다른 밀폐용기에 옮겨 담는다.
★숙성시키는 동안 중간중간 한 번씩 저어준다.

보관 – 냉장 보관한다.

활용 – 기호에 따라 물에 희석해 음료로 마시거나 모든 요리에 당류(설탕 또는 올리고당) 대신 넣는다.

✳ 청애실과 황애실의 차이
완전히 익기 전의 매실을 청매실, 완숙된 매실을 황매실이라 한다. 청매실은 과육이 단단하고 신맛이 나며 숙성된 황매실은 과육이 무르고 달콤하다. 둘 다 청은 담글 수 있으나 매실장아찌(94쪽)는 과육이 단단한 청매실을 사용하는 것이 좋다.

1

2
대추의 단맛이 매실의 신맛을 보완해줘요

3
설탕시럽을 끓인 후 꿀을 넣어야 꿀의 향이 날아가지 않아요

4

5
7일 뒤

6
3~4개월 뒤

사과청 146p

키위청 147p

석류청 148p

블루베리청 149p

사과청

- 사과 5개(1Kg)
- 설탕 1Kg(약 6과 2/3컵)

준비 1 사과는 껍질째 물에 20분 정도 담가둔다. 깨끗이 씻어 껍질째 4등분한 후 씨를 제거하고 1cm 두께로 모양대로 썬다.

만들기 2 큰 볼에 사과, 설탕의 60%를 넣고 가볍게 버무린다.

3 밀폐용기에 ②를 넣고 윗면을 꼭꼭 누른 다음 남은 설탕을 담고 뚜껑을 덮어 밀봉한다.

4 3~4일 뒤 재료 위쪽의 설탕이 반 정도 녹으면 위아래로 골고루 섞는다. 설탕이 거의 녹을 때까지 2주간 서늘한 곳에서 계속 반복하여 섞는다.

숙성 5 설탕이 다 녹으면 5개월간 냉장실에서 숙성시킨다. 사과의 맛이 우러나면 체에 걸러 사과청만 따라낸 후 다른 밀폐용기에 옮겨 담는다. ★ 숙성시키는 동안 중간중간 한 번씩 저어준다.

보관 — 냉장 보관한다.

활용 — 기호에 따라 물에 희석해 음료로 마시거나 모든 요리에 당류(설탕 또는 올리고당) 대신 넣는다.

1

2

3

4

사과가 잠길 정도의 청이 생기면 과육이 푹 잠기도록 해야 보관성이 좋아져요

2주 뒤

5

5개월 뒤

✳ 사과 과육 활용법

사과 과육은 으깬 후 약간의 설탕을 더 넣고 사과잼을 만들거나 우유, 요구르트 등과 함께 갈아 먹는다. 사과 컵케이크, 파운드 케이크를 만들 때 활용해도 좋다.

키위청

- 키위 9개(800g)
- 설탕 800g(약 5와 1/3컵)

준비
1 키위는 껍질째 물에 20분 정도 담가둔 후 체에 받쳐 물기를 뺀다.

2 키위는 껍질을 벗기고 2등분한다.

만들기
3 큰 볼에 키위, 설탕의 60%를 넣고 가볍게 버무린다.

4 밀폐용기에 ③을 넣고 남은 설탕을 담은 후 뚜껑을 덮어 밀봉한다.

5 3~4일 뒤 재료 위쪽의 설탕이 반 정도 녹으면 위아래로 골고루 섞는다. 설탕이 거의 녹을 때까지 2주간 서늘한 곳에서 계속 반복하여 섞는다.

숙성
6 설탕이 다 녹으면 5개월간 냉장실에서 숙성시킨다. 키위의 맛이 우러나면 체에 걸러 키위청만 따라낸 후 다른 밀폐용기에 옮겨 담는다.
★ 숙성시키는 동안 중간중간 한 번씩 저어준다.

보관
냉장 보관한다.

활용
기호에 따라 물에 희석해 음료로 마시거나 모든 요리에 당류(설탕 또는 올리고당) 대신 넣는다.

1

물에 담가두면 과일 자체의 수분을 활성화해 청의 농도가 진해지고 양도 많이 생겨요

2

3

4

5

키위가 잠길 정도의 청이 생기면 과육이 푹 잠기도록 해야 보관성이 좋아져요

2주 뒤

6

5개월 뒤

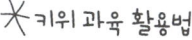 키위 과육 활용법
키위 과육은 으깬 후 약간의 설탕을 더 넣고 키위잼을 만들거나 우유, 요구르트 등과 함께 갈아 먹는다.

147

석류청

- 석류 5개(800g)
- 설탕 880g(약 5와 4/5컵)

준비

1 석류는 물에 10~20분 정도 담가둔다. 흐르는 물에 살살 씻은 후 체에 밭쳐 물기를 뺀다.

2 석류의 겉껍질을 쪼개어 알맹이만 떼어낸다. ★ 석류껍질에는 떫떠름한 맛이 있어 속 알맹이만 사용한다.

만들기

3 밀폐용기에 석류, 설탕의 60%를 켜켜이 담는다.

4 윗면을 꼭꼭 누른 후 남은 설탕을 담고 뚜껑을 덮어 밀봉한다.

5 3~4일 뒤 재료 위쪽에 덮어 놓은 설탕이 반 정도 녹으면 위아래로 골고루 섞는다. 설탕이 거의 녹을 때까지 2주간 서늘한 곳에서 계속 반복하여 섞는다.

숙성

6 설탕이 다 녹으면 3~4개월간 냉장실에서 숙성시킨다. 석류의 맛이 우러나면 체에 걸러 석류청만 따라낸 후 다른 밀폐용기에 옮겨 담는다. ★ 숙성시키는 동안 중간중간 한 번씩 저어준다.

보관

- 냉장 보관한다.

활용

- 기호에 따라 물에 희석해 음료로 마시거나 화채를 만들 때 밑 국물로 활용한다. 물김치에 배즙 대신 활용하면 단맛과 예쁜 색을 더할 수 있다.

1

2

물에 담가두면 과일 자체의 수분을 활성화해 청의 농도가 진해지고 양도 많이 생겨요

3

4

5 **2주 뒤**

6 **3~4개월 뒤**

✳ 숙성 시 주의사항

석류처럼 수분이 많은 과일로 청을 만들면 밑에 가라앉은 설탕량이 많고, 설탕의 녹는 속도가 빠르다. 석류의 씨 때문에 거품이 많이 생기니 주의하고 곰팡이가 필 수 있으니 일반 청에 비해 설탕량을 10% 정도 더 넣고 자주 섞어주는 것이 좋다.

블루베리청

- 블루베리 800g
- 설탕 800g(약 5와 1/3컵)

준비 1 블루베리는 깨끗이 씻은 후 물에 10분 정도 담가둔다. 꼭지를 떼고 체에 밭쳐 물기를 뺀다.

만들기 2 큰 볼에 블루베리, 설탕의 60%를 넣고 가볍게 버무린다.

3 밀폐용기에 ②를 넣고 윗면을 꼭꼭 누른 후 남은 설탕을 담고 뚜껑을 덮어 밀봉한다.

4 3~4일 뒤 재료 위쪽에 덮어 놓은 설탕이 반 정도 녹으면 위아래로 골고루 섞는다. 설탕이 거의 녹을 때까지 2주간 서늘한 곳에서 계속 반복하여 섞는다.

숙성 5 설탕이 다 녹으면 5개월간 냉장실에서 숙성시킨다. 블루베리의 맛이 우러나면 체에 걸러 블루베리청만 따라낸 후 다른 밀폐용기에 옮겨 담는다. ★숙성시키는 동안 중간중간 한 번씩 저어준다.

보관 — 냉장 보관한다.

활용 — 기호에 따라 물에 희석해 음료로 마시거나 모든 요리에 당류(설탕 또는 올리고당) 대신 넣는다.

1 2

물에 담가두면 과일 자체의 수분을 활성화해 청의 농도가 진해지고 양도 많이 생겨요

3 4

2주 뒤

5

5개월 뒤

✳ **블루베리 과육 활용법**
블루베리 과육은 으깬 후 약간의 설탕을 더 넣고
잼을 만들거나 우유, 요구르트 등과 함께 갈아 먹는다.

귤청

- 귤 10개(큰 것, 800g)
- 설탕 880g(약 5와 4/5컵)

준비

1 귤은 깨끗이 씻은 후 굵은 소금으로 문질러 껍질을 씻는다. 깨끗하게 씻은 귤은 물에 20분간 담가둔다.

2 귤은 끝부분을 제거하고 0.5cm 두께로 모양대로 썬다. ★ 유기농 귤은 껍질을 함께 사용하고, 일반 귤이면 껍질을 벗긴다.

만들기

3 큰 볼에 귤, 설탕의 60%를 넣고 가볍게 버무린다. 윗면을 꼭꼭 누른 후 남은 설탕을 담고 뚜껑을 덮어 밀봉한다.

4 3~4일 뒤 재료 위쪽에 덮어 놓은 설탕이 반 정도 녹으면 위아래로 골고루 섞는다. 설탕이 거의 녹을 때까지 2주간 서늘한 곳에서 계속 반복하여 섞는다.

숙성

5 설탕이 다 녹으면 3~4개월간 냉장실에서 숙성시킨다. 귤의 맛이 우러나면 체에 걸러 귤청만 따라낸 후 다른 밀폐용기에 옮겨 담는다. ★ 숙성시키는 동안 중간중간 한 번씩 저어준다.

보관 — 냉장 보관한다.

활용 — 기호에 따라 물에 희석해 음료로 마시거나 모든 요리에 당류(설탕 또는 올리고당) 대신 넣는다.

1

2

물에 담가두면 과일 자체의 수분을 활성화해 청의 농도가 진해지고 양도 많이 생겨요

3

4

귤이 잠길 정도의 청이 생기면 과육이 푹 잠기도록 해야 보관성이 좋아져요

2주 뒤

5

3~4개월 뒤

✳ 귤 고르는 법

귤의 껍질이 얇고 단단하며 크기에 비해 조금 무게가 많이 나가는 것을 고른다. 유기농 귤을 사용하면 좋다.

✳ 귤 과육 활용법

귤 과육은 으깬 후 약간의 설탕을 더 넣고 귤잼을 만들거나 우유, 요구르트 등과 함께 갈아 먹는다.

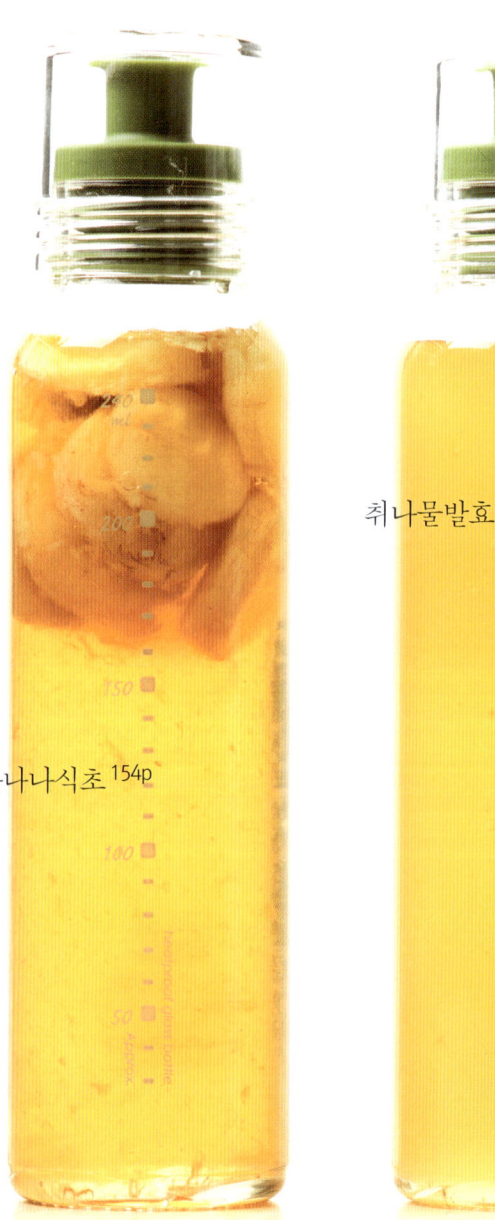

레몬 허브식초

바나나식초 154p

취나물발효액식초 155p

레몬 허브식초

- 레몬 2개(200g)
- 민트 잎 1/2컵(또는 바질 잎, 약 20g)
- 딜 2줄기
- 식초 4컵(800㎖)
- 꿀 2큰술
- 베이킹 소다 약간(세척용)

준비

1. 민트 잎, 딜은 흐르는 물에 헹군 후 물기를 제거한다.

2. 큰 볼에 레몬, 잠길 만큼의 물, 베이킹 소다를 넣고 10분간 둔다. 흐르는 물에 깨끗하게 씻어 물기를 없앤 후 0.5cm 두께로 모양대로 썬다.

만들기

3. 볼에 식초, 꿀을 넣고 골고루 섞는다.

4. 밀폐용기에 레몬, 민트 잎, 딜, ③을 넣고 뚜껑을 덮어 밀봉한다.

숙성

5. 2주간 냉장실에서 숙성시킨다. 체에 걸러 레몬 허브식초만 따라낸 후 다른 밀폐용기에 옮겨 담는다.

보관 — 냉장 보관한다.

활용 물 2컵(400㎖)에 레몬 허브식초 3큰술을 넣고 잘 섞어 식초음료로 마시거나 샐러드 드레싱을 만들 때 활용한다.

꿀이 완전히 녹을 때까지 잘 저어주세요

2주 뒤

 **허브 대체하는 법**

민트 잎이나 딜은 하나의 종류로 통일하여 동량을 넣어도 좋고, 바질 잎, 타임, 로즈마리 등의 다양한 허브로 대체 가능하다.

바나나식초

- 바나나 5개(400g)
- 식초 2컵(400㎖)
- 황설탕 1컵(또는 설탕, 150g)

준비 1 바나나는 껍질을 벗겨 2cm 두께로 썬다.

만들기 2 볼에 식초, 황설탕을 넣어 설탕이 녹도록 잘 저어준다.

숙성 3 밀폐용기에 바나나, ②를 넣고 뚜껑을 덮어 밀봉한다. 2주간 서늘한 곳에서 1차 숙성시킨다.

4 2주 뒤 체에 걸러 바나나식초만 따라낸 후 다른 밀폐용기에 옮겨 담는다.

보관 5 1주일간 냉장실에서 2차 숙성시킨다. 냉장 보관한다.

활용 — 물 2컵(400㎖)에 바나나식초 3큰술을 넣고 잘 섞어 식초음료로 마시거나 샐러드 드레싱을 만들 때 활용한다.

1

2

3

4

2주 뒤

5

3주 뒤

✳ **바나나 과육 활용법**
바나나 과육은 으깬 후 설탕을 넣어
잼으로 만들거나 우유, 요구르트 등과
함께 갈아 마신다.

취나물발효액식초

- 취나물발효액 건더기 2컵
  (또는 쑥발효액, 방풍나물발효액 300g)
- 식초 4컵(800㎖)

준비
1. 발효를 마친 취나물발효액(137쪽)은 체에 걸러 건더기와 발효액을 분리한다. ★ 발효액이 많이 나올 수 있도록 30분 이상 체에 밭쳐 둔다.

만들기
2. 밀폐용기에 취나물발효액 건더기와 식초를 넣고 뚜껑을 덮어 밀봉한다.

숙성
3. 3주간 냉장실에서 숙성시킨다.
4. 체에 걸러 취나물발효액식초만 따라낸다.
5. 다른 밀폐용기에 옮겨 담는다.

보관
냉장 보관한다.

활용
주로 한식 양념에 잘 어울린다. 초고추장이나 생채 무침 등을 할 때 활용하면 좋다.

1

2

3

3주 뒤

4

5

사과식초

- 사과 10개(2kg)
- 레몬 1개(100g)
- 설탕 600g(4컵)
- 드라이이스트 2g
- 베이킹 소다 약간(세척용)
- 굵은 소금 약간(세척용)

준비 1 큰 볼에 사과, 레몬, 잠길 만큼의 물, 베이킹 소다를 넣고 10분간 둔다. 사과는 흐르는 물에 깨끗하게 씻어 물기를 없애고 8등분한 후 씨를 제거한다.

2 레몬은 굵은 소금으로 문질러 껍질을 씻는다. 물기를 완전히 제거한 후 0.5cm 두께로 모양대로 썬다.

만들기 3 밀폐용기에 사과, 레몬, 설탕을 켜켜이 담는다.

4 ③에 드라이이스트를 뿌린 후 뚜껑을 덮어 밀봉한다. 그 다음날부터 설탕이 거의 녹을 때까지 1주일간 서늘한 곳에서 계속 반복하여 섞는다.
★ 드라이이스트는 발효가 잘 되도록 도와준다.

숙성 5 3개월간 20℃가 유지되는 곳에서 1차 숙성시킨다.

6 사과의 맛이 우러나면 체에 걸러 사과식초만 따라낸 후 다른 밀폐용기에 옮겨 담는다. 2개월간 냉장실에서 2차 숙성시킨다.

보관 — 냉장 보관한다.

활용 — 물 2컵(400㎖)에 사과식초 3큰술을 넣고 잘 섞어 식초음료로 마시거나 샐러드 드레싱을 만들 때 활용한다.

1

2

3

발효되면서 넘칠 수 있으니 밀폐용기는 좋 양보다 30% 정도 큰 것을 준비하세요

4

5

3개월 뒤

6

건더기는 발효 후 시큼한 맛이 나니 활용하기 어려워요

감식초

- 감 14개(2kg)
- 드라이이스트 2g

준비   1   감은 흐르는 물에 깨끗하게 씻어 꼭지를 떼고 체에 밭쳐 물기를 뺀다.

만들기   2   항아리나 밀폐용기에 감을 담는다.

3   드라이이스트를 뿌린다.
★ 드라이이스트는 발효가 잘 되도록 도와준다.

숙성   4   3개월간 20℃가 유지되는 곳에서 1차 숙성시킨다. 숙성 중에 하얀 곰팡이가 생기는데 자연스러운 현상이니 그대로 둔다.

5   체에 걸러 감식초만 따라낸 후 다른 항아리나 밀폐용기에 옮겨 담는다. 9개월간 냉장실에서 2차 숙성시킨다.

보관   —   냉장 보관한다.

활용   —   주로 한식 양념에 잘 어울린다. 초고추장이나 생채 무침 등을 할 때 활용하면 좋다.

1

2

발효되면서 넘칠 수 있으니 항아리는 좋 양보다 30% 정도 큰 것을 준비하세요

3

4

3개월 뒤

5

✳ **항아리를 사용하면 좋은 점**

감식초처럼 드라이이스트만 넣고 오래 숙성시키는 식초는 공기가 통하는 항아리에서 숙성시키면 발효가 더 잘된다.

포도주

- 포도(켐벨포도 또는 적포도) 3kg
- 설탕 300g(2컵)
- 식초 1큰술(세척용)

준비

1 포도를 알알이 떼어낸다.
볼에 포도와 잠길 만큼의 물, 식초를
넣고 10분 정도 담가둔다. 흐르는
물에 씻은 후 체에 밭쳐 물기를 뺀다.

2 큰 볼에 포도를 넣고 손으로 으깬다.

만들기

3 ②에 설탕을 담고 설탕이 녹을 때까지
골고루 섞는다.

4 밀폐용기에 ③을 넣고 7일간 서늘한
곳에 둔다. 포도껍질과 과육이 뜨니
하루에 한 번씩 골고루 저어준다.
★ 포도주는 끓어 넘치기 쉬우니 병은
넉넉한 것을 선택하는 것이 좋다.

5 7일 뒤 체에 걸러 포도주만 따라낸다.

발효

6 다른 밀폐용기에 옮겨 담는다.
3개월간 서늘한 곳에서 발효시킨다.

보관

– 실온 보관한다.

포도를 충분히 으깬 후
설탕을 넣어야 설탕이
잘 녹아요

7일 뒤

3개월 뒤

✳ **캠벨포도(Campbell grape)란?**

캠벨포도는 미국에서 개발된 포도 품종으로
껍질이 얇고 과즙이 많은 것이 특징.
포도주를 만들면 포도주의 양이 많이 생기고
풍미가 좋다.

굴주 164p

인삼주 165p

오미자주 166p

모과주 167p

귤주

- 귤 6개(480g)
- 오렌지 3개(900g)
- 설탕 150g(1컵)
- 담금주(소주) 2ℓ
- 베이킹 소다 약간(세척용)
- 굵은 소금 약간(세척용)

준비 1 큰 볼에 귤, 오렌지, 잠길 만큼의 물, 베이킹 소다를 넣고 20분간 둔다. 굵은 소금으로 문질러 껍질을 씻은 후 체에 밭쳐 물기를 뺀다.

만들기 2 귤과 오렌지는 양 끝을 제거하고 2등분한 후 0.5cm 두께로 모양대로 썬다. ★ 유기농 귤은 껍질을 함께 사용하고, 일반 귤이면 껍질을 벗긴다.

3 큰 볼에 귤, 오렌지, 설탕을 넣고 가볍게 버무린다.

4 밀폐용기에 ③을 넣고 담금주를 부은 후 밀봉한다.

발효 5 1개월간 햇빛이 없는 서늘한 곳에서 1차 발효시킨다.

6 체에 걸러 귤주만 따라낸 후 다른 밀폐용기에 옮겨 담는다. 3개월간 서늘한 곳에서 2차 발효시킨다.

보관 — 실온 보관한다.

5 1개월 뒤

✴ **귤주 발효 시 주의사항**

귤과 오렌지는 1차 발효가 끝나면 껍질 부분만 남는다. 귤주를 체에 거를 때는 주걱으로 꾹꾹 눌러 껍질 속의 진액도 모두 걸러낸다.

✴ **재료 대체하는 법**

귤과 오렌지는 하나의 재료로 통일하여 동량을 넣어도 좋다.

인삼주

- 인삼 3뿌리(5년 이상, 큰 것, 300g)
- 설탕 100g(약 2/3컵, 또는 꿀)
- 담금주(소주) 1.5ℓ

준비 1 인삼은 흙을 털어내고 칫솔이나 조리용 솔을 이용해 깨끗이 씻는다.

만들기 2 흐르는 물에 가볍게 씻어 체에 밭쳐 물기를 빼고 키친타월로 눌러 물기를 완전히 제거한다.
★ 채반에 올려 6시간 정도 그늘에서 말린 후 사용해도 좋다.

3 큰 볼에 인삼과 설탕을 넣고 가볍게 버무린다.

4 밀폐용기에 ③을 넣고 담금주를 부은 후 밀봉한다.

발효 5 6개월간 햇빛이 없는 서늘한 곳에서 발효시킨다.

보관 - 실온 보관한다.

1

2

3

설탕을 넣으면 삼투압효과로 인삼 성분이 빨리 빠져나와요

4

5

6개월 뒤

✳ **인삼 과육 활용법**
인삼 과육은 닭고기를 통째로 삶는 요리를 만들 때 함께 넣고 끓이면 지방을 분해하는 효과가 있다.

✳ **설탕을 넣지 않고 만드는 법**
인삼에 설탕을 버무리지 않고 병에 담아 담금주를 부은 후 1년간 숙성시킨다.

오미자주

- 오미자 300g
- 설탕 300g(2컵)
- 담금주(소주) 3ℓ

준비 1 오미자는 열매가 터지지 않도록 주의하며 줄기째 흐르는 물에 살살 씻은 후 체에 밭쳐 물기를 뺀다.

만들기 2 큰 볼에 오미자, 설탕을 넣고 오미자 과육이 으깨지지 않도록 가볍게 버무린다.

3 밀폐용기에 ②를 넣고 담금주를 부은 후 밀봉한다.

4 설탕이 잘 녹을 수 있도록 7일간 서늘한 곳에서 하루에 한 번씩 골고루 저어준다.

발효 5 1개월간 햇빛이 없는 서늘한 곳에서 1차 발효시킨다.

6 체에 걸러 오미자주만 따라낸 후 다른 밀폐용기에 옮겨 담는다. 1년간 서늘한 곳에서 2차 발효시킨다.

보관 － 실온 보관한다.

1

2

3

4

7일 뒤

5

1개월 뒤

6

모과주

- 모과 2개(중간 크기, 500g)
- 설탕 300g(2컵)
- 담금주(소주) 2ℓ
- 베이킹 소다 약간(세척용)

준비 1 볼에 모과와 잠길 만큼의 물, 베이킹 소다를 넣고 20분간 담가둔다. 흐르는 물에 씻어 체에 밭쳐 물기를 뺀다.

만들기 2 모과는 길이로 8등분한 후 씨를 제거하고 0.5cm 두께로 모양대로 썬다.

3 큰 볼에 모과와 설탕을 넣고 가볍게 버무린다.

4 밀폐용기에 ③을 넣고 담금주를 부은 후 밀봉한다.

발효 5 1년간 햇빛이 없는 서늘한 곳에서 발효시킨다.

6 체에 걸러 모과주만 따라낸 후 다른 밀폐용기에 옮겨 담는다.

보관 — 실온 보관한다.

모과는 겉면이 미끄러우니 베이킹 소다물에 담근 후 씻어주세요

1년 뒤

소스, 시럽,
조미료

Chapter 4

주로 사 먹었던 소스, 시럽, 조미료 등을
집에서 손쉽게 만드는 방법을 알려 드립니다.
신선한 재료들을 활용해 첨가물 없이,
설탕과 염분은 최소로 넣어 만들었습니다.

홈메이드 소스와 시럽

맛있고 건강하다는 장점은 있지만 첨가물이 들어가지 않아
보관기간이 길지 않으니 조금씩 만들어 빨리 사용하도록
하세요. 베이킹이나 요리에 활용하는 시럽의 경우
냉장 보관 시 가끔 단단하게 굳는 것들이 있는데 먹기 직전에
따뜻한 물에 병째 담가 중탕으로 녹이면 부드러워져요.

천연 조미료

푸드프로세서에 갈기만 하면 쉽게 만들 수 있으니
다양한 요리에 활용하세요. 풍미를 오래 유지하기 위해
꼭 냉동 보관하세요.

토마토소스

- 홀토마토 통조림 1캔(작은 것, 400g)
- 토마토 2개(중간 크기, 300g)
- 양파 1/4개(50g)
- 올리브유 1큰술
- 다진 마늘 1/2작은술
- 페페론치노 1~2개
  (생략 가능, 또는 말린 고추 1/2개)
- 물 1/2컵(100㎖)
- 고형 키친스톡 1/2개(또는 닭 육수 1/2컵)
- 바질 잎 2~3장(생략 가능)
- 월계수 잎 2장(생략 가능)
- 소금 약간
- 후춧가루 약간

준비

1 토마토 데칠 물 2컵(400㎖)을 끓인다.
큰 볼에 홀토마토 통조림을 넣고
손으로 으깬다.

2 토마토는 윗면에 칼집을 넣어 ①의 끓는
물에 넣고 30초간 데친다. 찬물에 헹군
후 껍질을 벗기고 사방 0.2cm 크기로
썬다. 양파는 0.5cm 두께로 채 썬다.

만들기

3 달군 냄비에 올리브유를 두르고
양파, 다진 마늘, 페페론치노를 넣고
중약 불에서 1분간 볶는다.

4 홀토마토 통조림, 토마토를 넣고
중간 불로 올려 3분간 볶는다.
물을 넣고 바글바글 끓어오르면
고형 치킨스톡을 넣는다.
★ 닭 육수 사용 시 물은 생략한다.

5 바질 잎, 월계수 잎을 넣고 중약 불로
줄여 10분간 저어가며 끓인다.

6 불을 끄고 한 김 식힌 후 월계수 잎을
건져낸다. 믹서에 넣어 곱게 간 후
냄비에 다시 토마토 소스를 넣고 중간
불에서 끓어오르면 소금, 후춧가루를
넣고 한 김 식힌다.

보관 — 밀폐용기에 넣어 냉장 보관한다.

활용 — 파스타, 피자, 볶음밥, 오므라이스 등의
소스로 활용한다.

✳ 닭 육수 만드는 법
183쪽 참고

바질 잎, 월계수 잎을
넣으면 풍미가
좋아져요

바질페스토

- 바질 잎 120g
- 잣 2/3컵(80g)
- 마늘 2쪽(10g)
- 올리브유 2컵(400㎖)
- 파마산 치즈가루 7큰술
- 소금 약간(생략 가능)
- 후춧가루 약간

준비 1 오븐은 170℃(미니 오븐 동일)로 예열한다. 바질 잎은 흐르는 물에 씻은 후 체에 밭쳐 물기를 뺀다.

2 오븐 팬에 종이 포일을 깔고 잣을 올려 170℃로 예열된 오븐의 가운데 칸에서 2분간 굽는다.

만들기 3 푸드프로세서나 믹서에 잣, 마늘을 넣고 1분간 곱게 간다.

4 ③에 바질 잎을 넣고 곱게 간 후 올리브유를 넣고 1분간 간다.

5 파마산 치즈가루, 소금, 후춧가루를 넣어 30초간 더 간다.

보관 — 밀폐용기에 넣어 냉장 보관한다.

활용 — 파스타나 피자의 소스, 샌드위치 스프레드로 활용하거나 과일 샐러드의 드레싱으로 활용하면 잘 어울린다.

2 잣을 구우면 더 고소해져요

5 파마산 치즈가루를 넣고 맛을 본 후 기호에 따라 소금을 생략해도 좋아요

✳ **바질페스토 파스타 만드는 법**

스파게티 1줌(80g)은 포장지에 적힌 시간 대로 삶아 체에 밭쳐 물기를 뺀다. 큰 볼에 스파게티, 바질페스토 2큰술(기호에 따라 가감)을 넣고 골고루 버무린다. 기호에 따라 구운 새우, 닭가슴살을 곁들여도 좋다.

토마토케첩 176p

마요네즈 177p

175

토마토케첩

- 홀토마토 통조림 3/4캔(작은 것, 300g)
- 토마토 2개(중간 크기, 300g)
- 양파 1/3개(70g)
- 황설탕(또는 설탕) 1큰술
- 식초 3큰술
- 아가베시럽(또는 올리고당) 2큰술
- 말린 바질 약간
- 소금 약간

녹말물
- 녹말가루 4큰술
- 물 1/4컵(50㎖)

준비
1. 토마토 데칠 물 2컵(400㎖)을 끓인다.
   토마토는 윗면에 칼집을 넣어
   끓는 물에 넣고 30초간 데친다.
   찬물에 헹군 후 껍질을 벗긴다.

2. 토마토는 사방 1cm 크기로 썰고,
   양파는 0.5cm 두께로 채 썬다.
   작은 볼에 녹말물 재료를 넣어 섞는다.

만들기
3. 푸드프로세서에 홀토마토 통조림,
   토마토, 양파를 넣고 곱게 간다.

4. 냄비에 ③을 넣고 중간 불에서 끓인다.

5. 끓어오르면 황설탕, 식초, 아가베시럽,
   말린 바질을 넣고 중약 불로 줄여
   7분간 저어가며 끓인다.

6. 약한 불로 줄여 녹말물(넣기 전에
   저어줄 것)을 넣고 5분간 저어가며
   끓인다. 소금을 넣고 한 김 식힌다.

보관 — 밀폐용기에 넣어 냉장 보관한다.

녹말물을 넣고
골고루 섞지 않으면
보관시 물이
생길 수 있어요

마요네즈

- 달걀노른자 2개분
- 디종 머스터드(또는 머스터드) 1큰술
- 소금 약간
- 후춧가루 약간
- 식용유 1과 1/4컵(250㎖)
- 식초 1큰술
- 레몬즙(또는 식초) 1큰술

 1 큰 볼에 달걀노른자, 디종 머스터드를
       넣고 거품기로 골고루 섞는다.

2 소금, 후춧가루를 넣고 골고루 섞는다.

3 ②의 볼에 식용유를 조금씩
   넣어가면서 거품기를 한 방향으로
   3~5분간 계속 저어준다.

4 식초, 레몬즙을 넣고 30초간
   저어준다.

5 밀폐용기에 넣는다.

 ― 냉장 보관한다.

1

2

3

식용유를 조금씩
넣어가며 일정한
속도로 섞어야
분리되지 않아요

4

5

데리야키소스 ^{180p}

깨소스 ^{182p}

굴소스 ^{181p}

칠리 바비큐소스 ^{183p}

데리야키소스

- 마늘 3쪽(15g)
- 양파 1/4개(50g)
- 다시마 5×5cm 2장
- 양조간장 1컵(200㎖)
- 물 1/2컵(100㎖)
- 물엿(또는 올리고당) 2큰술
- 통후추 1/2작은술
- 가쓰오부시 1/4컵(2g)

  양념
- 맛술 6큰술
- 매실청(또는 올리고당) 2큰술
- 물엿(또는 올리고당) 1큰술

만들기

1 냄비에 가쓰오부시, 양념 재료를 제외한 재료를 모두 넣고 중약 불에서 10분간 끓인다.

2 불을 끄고 다시마를 건져낸 후 가쓰오부시를 넣어 10분간 우린다.

3 한 김 식으면 체에 밭쳐 국물만 따라낸다.
   ★ 완성량은 2컵(400㎖)이다.

4 불에 ③과 양념 재료를 넣고 골고루 섞는다.

5 밀폐용기에 넣는다.

보관 냉장 보관한다.

활용 시판 데리야키소스 대신 사용한다. 특히 생선이나 닭을 구울 때 마지막에 살짝 발라 주면 좋다.

다시마를 넣고 오래 끓이면 떫은 맛이 날 수 있으니 10분 후 꼭 건져내세요

굴소스

- 굴 3봉(450g)
- 양파 1/2개(100g)
- 사과 1/4개(50g)
- 레몬 1/2개(50g)
- 페페론치노 3개(또는 말린 고추 1/2개)
- 다시마 5×5cm 2장

간장물
- 양조간장 3컵(600㎖)
- 물 1/2컵(100㎖)
- 맛술 4큰술
- 매실청(또는 올리고당) 2큰술
- 물엿(또는 올리고당) 3큰술

녹말물
- 녹말가루 1작은술
- 물 1큰술

준비 1 굴은 체에 밭쳐 물(4컵) + 소금(1큰술)에 넣어 살살 흔들어 씻은 후 그대로 물기를 뺀다.

2 양파는 4등분하고, 사과는 씨를 제거하고 2등분한다. 레몬은 0.5cm 두께로 모양대로 썬다.
★ 레몬 세척법 59쪽 참고

만들기 3 냄비에 간장물 재료를 넣어 중간 불에서 끓어오르면 양파, 사과, 레몬, 페페론치노, 다시마를 넣고 약한 불로 줄여 10분간 끓인다. 다시마를 건져낸 후 안전히 식힌다.

4 밀폐용기에 굴을 넣고 ③을 붓는다. 밀봉한 후 3개월간 냉장실에 둔다.

5 작은 볼에 녹말물 재료를 넣고 섞는다. ④를 체에 걸러 국물만 따라낸다.

6 냄비에 국물만 넣고 중간 불에서 끓어오르면 약한 불로 줄이고 녹말물(넣기 전에 저어줄 것)을 넣어 1분간 저어가며 끓인 후 완전히 식힌다.

보관 — 밀폐용기에 넣어 냉장 보관한다.

활용 — 시판 굴소스 대용으로 사용한다. 다양한 볶음 요리에 폭넓게 활용 가능하다.

1

2

간장물을 완전히 식혀 넣어야 굴이 익지 않아요

3

4

5

6

3개월 뒤

깨소스

- 통깨 2큰술
- 물 1/4컵(50㎖)
- 다시마 5×5cm 1장
- 땅콩버터 1큰술
- 양조간장 1작은술
- 맛술 1작은술
- 설탕 1/2작은술
- 참기름 1/2작은술

준비 1 볼에 물(1/4)컵과 다시마를 넣고 10분간 우린다.

2 위생팩에 통깨를 넣고 밀대로 밀어 곱게 부순다.

만들기 3 볼에 ①의 다시마물 2큰술, 땅콩버터, 양조간장, 맛술을 넣고 덩어리지지 않게 푼다.

4 통깨, 설탕, 참기름을 넣고 섞는다.

보관 — 밀폐용기에 넣어 냉장 보관한다.

활용 — 그대로 샤부샤부 소스로 활용하거나, 아시안풍 샐러드 드레싱(식초 2큰술 + 깨소스 3큰술 + 올리고당 1/2~1큰술 + 올리브유 3큰술 + 소금 약간)을 만들어 다양한 채소에 곁들인다.

땅콩버터는 잘 풀어지지 않으니 액체 재료를 넣고 골고루 저어주세요

✳ **냉채소스로 활용하기**

깨소스 1큰술, 올리고당 1/2큰술, 양조간장 1작은술, 연 겨자 1작은술을 넣고 골고루 섞은 후 닭가슴살, 더덕, 버섯 냉채에 곁들인다.

칠리 바비큐소스

- 페페론치노 4개(또는 말린 고추 1개)
- 양파 1/2개(100g)
- 마늘 2쪽(10g, 또는 다진 마늘 1큰술)
- 바질 잎 2장
- 식용유 1큰술
- 토마토케첩 1컵 ★ 만들기 176쪽 참고
- 우스터소스(또는 양조간장) 1큰술
- 닭 육수 1컵(물 1컵 + 치킨스톡 1개, 또는 물 1컵, 200㎖)
- 설탕 1큰술
- 물엿(또는 올리고당) 1큰술
- 말린 오레가노(또는 말린 타임) 1/2작은술
- 말린 타임(또는 말린 오레가노) 1/2작은술
- 후춧가루 약간

준비

1 페페론치노는 가위를 이용해 3등분한다.

2 양파, 마늘은 사방 0.5cm 크기로 다진다.

3 바질 잎은 굵게 다진다.

만들기

4 달군 냄비에 식용유를 두르고 페페론치노, 양파, 마늘을 넣고 중약 불에서 1분간 볶는다. 토마토케첩을 넣고 신맛이 날라가도록 5분간 저어가며 볶는다.

5 닭 육수, 우스터소스, 설탕, 물엿, 오레가노, 타임, 후춧가루를 넣고 저어가며 끓인다.

6 10분간 더 끓인 후 불을 끄고 완전히 식힌다. ★ 신맛이 강하다면 설탕 1/2큰술을 더 넣고 끓인다.

보관 ― 밀폐용기에 넣어 냉장 보관한다.

활용 ― 닭구이, 조개구이, 바비큐, 베이비립 구이, 스테이크 소스 등에 다양하게 활용한다.

✳ 닭 육수 만드는 법

찬물(3컵)에 닭다리 1개(또는 닭뼈), 월계수 잎 2장, 통후추 1/2작은술, 대파(푸른 부분) 20cm를 넣고 센 불에서 끓인다. 끓어오르면 중간 불로 줄여 15분간 더 끓인 후 체에 밭쳐 국물만 사용한다. 필요한 양만큼 나눠 냉동했다가 해동없이 바로 요리에 사용한다.

전체 양에서 1/3정도가 줄어들면 알맞게 졸인 거예요

캐러멜시럽 187p

초콜릿소스 186p

딸기소스

딸기소스

- 딸기 7개(큰 것, 150g)
- 레몬즙 2큰술
- 생크림 1큰술
- 아가베시럽(또는 올리고당) 1큰술
- 올리브유 2큰술

준비 1 딸기를 흐르는 물에 씻은 후 체에 밭쳐 물기를 뺀다.

2 딸기 꼭지를 떼고 2등분한다.

만들기 3 믹서에 딸기, 생크림, 레몬즙, 아가베시럽, 올리브유를 넣는다.

4 곱게 간다.

보관 — 밀폐용기에 넣어 냉장 보관한다.

활용 — 팬케이크, 와플, 아이스크림 등에 곁들여 먹거나 그대로 샐러드 드레싱으로 활용한다.

1

2

3

4

딸기소스는 보관기간이 길지 않으니 만든 후 빨리 먹는 것이 좋아요

초콜릿소스

- 다크 초콜릿 200g
- 버터 2와 1/2큰술(25g)
- 아가베시럽(또는 올리고당) 1큰술

준비
1 냄비에 물(3컵)을 끓인다.
　　다크 초콜릿은 사방 1cm 크기로 썬다.

만들기
2 냄비보다 큰 볼에 다크 초콜릿을 넣고
　　①의 냄비에 올려 중탕으로 녹인다.

3 버터를 넣는다.

4 냄비를 불에서 내린 후 아가베시럽을
　　넣고 버터가 녹을 때까지 골고루
　　저어준다.

5 초콜릿소스를 주걱으로 들었을 때
　　삼각형이 생길 정도의 농도가 되는지
　　확인한다.

보관
－ 밀폐용기에 넣어 냉장 보관한다.
　　★ 냉장 보관하면 초콜릿이 굳는다.
　　먹을 때는 따뜻한 물에 중탕으로 녹여
　　사용한다.

활용
－ 과일 퐁듀의 디핑 소스로 활용하거나
　　팬케이크, 와플, 아이스크림 등의
　　디저트에 곁들인다. 커피 한 잔에
　　초콜릿소스 1~2큰술을 더해
　　모카 커피를 만들어도 잘 어울린다.

1

2

3

4

5

소스의 농도가
묽다면 초콜릿을
더 넣고 녹여주세요

캐러멜시럽

- 황설탕 2컵(또는 설탕, 300g)
- 물 1컵(200㎖)
- 레몬즙 1큰술

만들기

1 냄비에 황설탕, 물을 넣고
중약 불에서 젓지 말고 끓인다.
★ 이때 냄비는 손잡이가 하나인
편수냄비를 추천한다. 냄비를
기울여가며 끓여야 하기 때문에
편수냄비가 편하다.

2 설탕이 녹으면 레몬즙을 넣는다.

3 5~7분간 냄비를 기울여가며
시럽이 반으로 줄어들고 갈색이
될 때까지 끓인다. ★ 저으면 결정이
생기니 반드시 젓지 말고 냄비를
기울여가며 끓인다.

4 숟가락으로 들었을 때 주르륵
흘러내릴 정도의 농도가 되는지
확인한 후 한 김 식힌다.

보관 ― 밀폐용기에 넣어 실온 보관한다.

활용 ― 시판 캐러멜시럽 대신 사용하거나
팬케이크, 와플, 아이스크림 등의
디저트에 곁들여 먹는다. 커피 한 잔에
캐러멜시럽 1~2큰술을 더해 캐러멜
마키아토를 만들어도 잘 어울린다.

마지막에 숟가락을
넣어 주루룩 흐르는
농도인지 확인하세요

✳ 시럽 굳으면 녹이는 법

보관시 너무 되직하게 굳었다면 중탕으로 녹인 후
활용하면 된다. 작은 그릇에 필요한 양만큼 캐러멜시럽을
덜어낸 후, 따끈한 물이 담긴 큰 볼에 작은 그릇째 넣고
살살 저어 묽게 한다.

187

맛간장 191p

쌈장 190p

약고추장

약고추장

- 다진 쇠고기 100g
- 대파(흰 부분) 20cm 1개
- 양파 1/10개(20g)
- 잣 1큰술(10g)
- 참기름 1큰술
- 식용유 1큰술
- 다진 마늘 1작은술
- 꿀 1큰술

양념
- 고추장 2컵(약 440g)
- 황설탕 3큰술(또는 설탕 2와 1/2큰술)
- 양조간장 1큰술
- 물엿(또는 올리고당) 3큰술

준비 1 대파와 양파는 곱게 다진다. 다진 쇠고기는 키친타월에 올려 핏물을 제거한다. 볼에 양념 재료를 넣고 섞는다.

2 도마에 키친타월을 깔고 잣을 올려 굵게 다진다.

만들기 3 달군 냄비에 참기름, 식용유를 두르고 다진 마늘, 대파, 양파를 넣어 중간 불에서 30초, 쇠고기를 넣어 1분 30초간 볶는다.

4 ③에 ①의 양념을 넣고 약한 불로 줄여 주걱으로 저어가며 15분간 끓인다.

5 잣, 꿀을 넣고 3분가 더 끓인 후 한 김 식힌다.

보관 밀폐용기에 넣어 냉장 보관한다.

활용 쌈밥이나 비빔밥에 활용한다.

바닥이 두꺼운 냄비나 뚝배기를 이용해 은근한 불에 볶아야 더 맛있어요

쌈장

- 대파(흰 부분) 20cm 1개
- 양파 1/10개(20g)
- 풋고추(또는 청양고추) 1개
- 잣 1큰술
- 참기름 2큰술

양념
- 고추장 1컵(220g)
- 된장 1/3컵(약 75g, 또는 집 된장 1/4컵)
- 황설탕 1과 1/2큰술(또는 설탕 1큰술)
- 다진 마늘 2큰술
- 맛술 2큰술
- 물엿(또는 올리고당) 1과 1/2큰술

준비

1 대파는 곱게 다진다.
양파는 사방 0.5cm 크기로 썬다.
풋고추는 꼭지를 떼고 굵게 다진다.

2 도마에 키친타월을 깔고 잣을 올려
굵게 다진다.

만들기

3 큰 볼에 고추장과 된장을 넣고 섞는다.

4 대파, 양파, 풋고추, 나머지 양념을
넣고 골고루 섞는다.

5 잣, 참기름을 넣어 가볍게 섞는다.

보관 - 밀폐용기에 넣어 냉장 보관한다.

활용 - 채소나 구운 고기를 찍어 먹거나
나물무침, 쌈장 찌개 등을 만들 때
활용해도 좋다.

집 된장은 시판
된장보다 염도가
높으니 양을 줄여서
넣어요

잣은 따로 보관해
두었다가 먹기 전에
넣으면 향이 더 진해요

초간단 쌈장 찌개 끓이는 법
냄비에 물 4컵(800㎖), 쌈장 2큰술을 넣어
중간 불에서 바글바글 끓어오르면 버섯, 양파,
호박, 두부 등을 넣고 3분간 끓인다.

맛간장

- 마늘 3쪽(15g)
- 양파 1/4개(50g)
- 사과 1/4개(50g)
- 레몬 1/3개(30g)
- 파슬리줄기 10cm 3대(또는 셀러리 10cm 1대)

  양념
- 양조간장 1컵(200㎖)
- 맛술 1/2컵(100㎖)
- 물엿(또는 올리고당) 2큰술
- 통후추 1/2작은술
- 다시마 5×5cm 1장
- 가쓰오부시 1/4컵(2g)

준비 1 마늘은 2등분하고,
양파는 2cm 두께로 썬다.

2 사과는 씨를 제거하고 2등분하고,
레몬은 0.5cm 두께로 모양대로 썬다.
파슬리는 잎을 떼고 줄기만 준비한다.
★ 레몬 세척법 59쪽 참고

만들기 3 냄비에 가쓰오부시를 제외한 모든
재료를 넣고 중간 불에서 끓어오르면
약한 불로 줄여 10분간 끓인다.

4 다시마를 건져내고 3분간 더 끓인다.
불을 끄고 가쓰오부시를 넣어
30분간 맛을 우려낸다.

5 ④를 체에 걸러 간장물만 따라낸다.

보관 밀폐용기에 넣어 냉장 보관한다.

활용 볶음, 조림, 구이 등에 간장 대신
사용하면 다른 양념을 넣지 않거나,
조금만 더해도 훨씬 더 맛있게 즐길 수
있다. 데리야키소스(180쪽)를 만들 때
활용해도 좋다.

1

2

3

5

4

가쓰오부시를 끓이면
감칠맛이 덜하니
불을 끄고 우리세요

마늘기름 194p

허브기름 195p

고추기름

고추기름

- 마늘 2쪽(10g)
- 고춧가루 2/3컵(60g)
- 식용유 1과 1/2컵(300㎖)

준비 1 마늘은 0.5cm 두께로 편 썬다. 키친타월에 올려 꾹꾹 눌러 물기를 완전히 없앤다.

만들기 2 두꺼운 팬에 식용유, 고춧가루, 마늘을 넣고 중간 불에서 3분간 끓인다. 거품이 생기면 불을 끄고 한 김 식힌다.

3 ②를 체에 걸러 기름만 따라낸다.

보관 밀폐용기에 넣어 냉장 보관한다.

활용 시판 고추기름 대신 사용한다. 각종 볶음 요리, 육개장 등 매콤한 국물 요리 등에 활용한다.

1

마늘에 물기가 남아있으면 기름이 튈 수 있으니 주의하세요

2

고춧가루가 타기 쉬우니 불 조절에 유의하세요

3

마늘기름

- 마늘 25개(1컵, 약 125g)
- 풋고추 2개
- 통후추 간 것 1작은술(또는 후춧가루 1/2작은술)
- 식용유 2컵(400㎖)

준비 1 마늘은 3등분한 후 키친타월에 올려 꾹꾹 눌러 물기를 완전히 없앤다.

만들기 2 풋고추는 어슷 썬다.

3 밀폐용기에 마늘, 풋고추, 통후추 간 것을 넣고 섞는다.

4 식용유를 넣고 밀봉한 후 4~5일간 냉장실에서 숙성시킨다.

보관 - 냉장 보관한다.

활용 - 마늘향이 누린내를 없애주니 고기 구울 때 쓰면 특히 좋다. 파스타를 만들 때도 활용하면 향이 잘 어울린다. 그밖에 식용유 대신 대부분의 요리에 두루두루 활용 가능하다.

마늘의 물기를 완전히 제거해야 향이 진하게 우러나요

허브기름

- 로즈마리 3줄기
- 바질 잎 10장
- 타임 4줄기
- 딜 1줄기
- 페페론치노 3개(또는 말린 고추 1/2개)
- 통후추 1작은술
- 식용유 2컵(400㎖)

준비 1 로즈마리, 바질 잎, 타임, 딜은 흐르는 물에 깨끗이 씻은 후 체에 밭쳐 물기를 뺀다.

2 ①을 키친타월에 올려 꾹꾹 눌러 물기를 완전히 없앤다.

만들기 3 밀폐용기에 ②를 넣고 페페론치노, 통후추를 넣는다.

4 식용유를 넣고 밀봉한 후 4~5일간 냉장실에서 숙성시킨다.

보관 — 냉장 보관한다.

활용 — 허브향을 즐기려면 드레싱을 만들어 생으로 먹는 것이 좋다. 발사믹 식초나 과일식초 2큰술, 올리고당 1큰술, 허브기름 3큰술, 소금 약간을 섞은 기본 드레싱은 모든 샐러드에 잘 어울린다.

허브를 섞어 담고 기름을 넣으면 향이 더 잘 배어요

✳ **허브 대체하는 법**
로즈마리, 바질, 타임, 딜은 하나의 종류로 통일하여 동량을 넣어도 좋고, 민트, 오레가노 등 다양한 허브로 대체 가능하다.

멸치가루

표고버섯가루

새우가루

🌟 활용하기

국물을 끓일 때는 물 4컵(800㎖)에 멸치가루 1작은술,
표고버섯가루 1작은술을 넣고 끓여 밑국물을 낸 후
배추된장국이나 북엇국을 끓일 때 활용한다. 새우가루
1작은술, 표고버섯가루 1작은술을 넣고 끓여 밑국물을
낸 것은 아욱토장국이나 근대토장국을 끓이면 잘 어울린다.
볶음에는 볶을 재료, 표고버섯, 또는 새우가루를 처음부터
같이 넣고 볶는다. 4인분 기준에 1/2작은술 정도가 적당하다.
조림에는 멸치, 새우, 표고버섯가루 중 원하는
것을 골라 조림장에 1작은술 정도 섞어 맛을 낸다.
간을 보면서 양을 가감한다.
말린 나물 볶음에는 표고버섯 또는 새우가루를 선택해
양념에 1/2작은술 정도 넣어 풍미를 낸다. 말린 취나물이나
고사리가 잘 어울리고, 데친 후 볶을 때 양념을 함께 넣는다.

멸치가루

🌿 사계절 내내 | ⏱ 10~20분 | 🔋 냉동 6개월 | 🧂 약 100g

• 국물용 멸치 2컵(100g)

준비 1 멸치는 머리를 떼어내고 배 쪽을 갈라 검은 내장을 제거한다.

만들기 2 푸드프로세서에 멸치를 넣고 곱게 간다.

보관 ㅡ 밀폐용기에 넣어 냉동 보관한다.

내장을 제거해야 쓴맛이 줄어들어요

새우가루

🌿 사계절 내내 | ⏱ 10~20분 | 🔋 냉동 6개월 | 🧂 약 30g

• 말린 홍새우 1컵(30g)

준비 1 말린 홍새우는 체에 받쳐 지저분한 것을 털어낸다.

만들기 2 푸드프로세서에 새우를 넣고 곱게 간다.

보관 ㅡ 밀폐용기에 넣어 냉동 보관한다.

머리까지 있고 껍질이 얇은 새우가 좋아요

표고버섯가루

🌿 사계절 내내 | ⏱ 10~20분 | 🔋 냉동 6개월 | 🧂 약 60g

• 말린 표고버섯 2컵(60g)

준비 1 말린 표고버섯은 기둥을 떼어내고 손으로 2~3등분한다.

만들기 2 푸드프로세서에 표고버섯을 넣고 곱게 간다.

보관 ㅡ 밀폐용기에 넣어 냉동 보관한다.

Recipe Plus
다양한 요리에 활용하기

"청의 과육을 이용해
머핀, 파운드케이크 등을 만드세요"

블루베리머핀

35~45분 / 10개분
- 블루베리청(145쪽) 과육 1컵(150g)
- 실온에 둔 버터 100g
- 설탕 150g(1컵)
- 실온에 둔 달걀 3개
- 박력분 250g(2와 1/4컵)
- 베이킹 파우더 2작은술
- 우유 50㎖(1/4컵)

1 블루베리청은 체에 걸러 청은 밀폐용기에 담아 냉장 보관하고,
　과육은 걸러서 준비한다.

2 박력분과 베이킹 파우더를 함께 계량해 두 번 체 친다.
　오븐은 180℃(미니 오븐 동일)로 예열한다.

3 볼에 버터를 넣고 거품을 낸 후 설탕을 넣어 크림 상태가
　될 때까지 거품을 낸다.

4 ③에 달걀을 넣어 충분히 거품을 내고, 체 친 가루와 우유를
　번갈아 넣고 반죽을 섞은 후 블루베리청 과육 2/3 분량을 넣어
　가볍게 섞는다.

5 머핀 틀에 유산지를 깔고 반죽을 70% 정도 채운 다음 남은
　블루베리청 과육을 올린다. 180℃로 예열된 오븐(미니 오븐
　동일)에 넣고 20~25분간 굽는다.

★ 사과청, 키위청, 귤청의 과육도 활용이 가능하다.

"병조림 과육을 이용해
스무디를 만드세요"

체리스무디

5~15분 / 2잔분
- 체리 병조림(46쪽) 과육 1컵(180g)
- 사과 1/2개(100g)
- 떠먹는 플레인 요구르트 5큰술
- 레몬즙 2큰술
- 물 1컵(200㎖)

1 체리 병조림은 체에 걸러 과육을 준비한다.
　사과는 껍질을 벗기고 얇게 썬다.

2 푸드프로세서에 체리 병조림 과육, 사과,
　플레인 요구르트, 레몬즙, 물을 넣고 곱게 간다.

★ 다른 과일의 병조림 과육도 활용이 가능하다.

"병조림 과육을 팬케이크, 와플 아이스크림 등
디저트에 곁들이세요"

사과조림을 곁들인 팬케이크

25~35분 / 5장분

- 사과 병조림(43쪽) 과육 1/2컵(50g)
- 박력분 100g(1컵)
- 베이킹 파우더 1/2작은술
- 소금 약간
- 설탕 30g(3큰술)
- 달걀 3개
- 우유 1/2컵(100㎖)
- 바닐라 에센스 약간(생략 가능)
- 녹인 버터(또는 식용유) 약간
- 메이플시럽(또는 올리고당) 2큰술

1 박력분과 베이킹 파우더, 소금은 함께 체 친다.
　사과 병조림은 체에 걸러 과육을 준비한다.

2 볼에 달걀을 넣고 푼 후 우유를 넣는다. 설탕을 넣고 달걀이
　부드러워질 때까지 1분간 거품기로 섞은 후 바닐라 에센스를
　넣는다.

3 ②에 ①의 가루 재료를 넣고 골고루 섞는다.

4 달군 팬에 녹인 버터를 바르고 ③을 1국자씩 올려 중약 불에서
　앞뒤로 각각 2분씩 노릇하게 굽는다.

5 접시에 담고 메이플시럽을 뿌린 후 사과 병조림 과육을 곁들인다.

★ 다른 과일의 병조림 과육도 활용이 가능하다.

"병조림 과육을 이용해
에이드를 만드세요"

복숭아에이드

5~15분 / 4잔분

- 복숭아 병조림(44쪽) 1/2컵(100g)
- 탄산수 3컵(600㎖)
- 사과주스 1컵(또는 오렌지주스, 200㎖)
- 레몬즙 3큰술
- 얼음 약간(생략 가능)
- 레몬 슬라이스 2~3조각
- 민트 잎 약간(생략 가능)

1 복숭아 병조림은 체에 걸러 과육만 준비한다.

2 유리병에 탄산수와 사과주스, 레몬즙, 얼음을
　넣고 섞는다.

3 컵에 복숭아 병조림 과육, 레몬 슬라이스,
　민트 잎을 넣고 ②를 붓는다.

★ 다른 과일의 병조림 과육도 활용이 가능하다.

"병조림 과육은 햄버거, 스테이크, 베이비립 등의 고기 요리에 잘 어울려요"

파인애플조림을 곁들인 햄버거 스테이크

40~50분 / 3인분
- 샐러드 채소 약간
- 파인애플 병조림(47쪽) 2/3컵
- 칠리 바비큐소스(179쪽) 1/3컵
- 버터 약간
- 식용유 1큰술

햄버거 스테이크
- 다진 쇠고기 350g
- 다진 양파 1/2개분(100g)

- 다진 셀러리 1대
- 달걀 1/2개분
- 빵가루 3큰술(30g)
- 우스터소스(또는 양조간장)
  1큰술
- 다진 마늘 1작은술
- 다진 파슬리 1작은술
- 소금 약간
- 후춧가루 약간

1 볼에 햄버거 스테이크 재료를 넣고 골고루 섞는다.

2 ①을 손으로 3~4분간 치대어 3등분한 후 지름 8cm,
 두께 2cm의 둥글납작한 모양으로 만든다.

3 파인애플 병조림을 체에 걸러 과육만 준비한 후 한입 크기로
 썬다. 샐러드 채소는 찬물에 씻어 체에 밭쳐 물기를 뺀다.
 오븐은 200℃(미니 오븐 190℃)로 예열한다.

4 달군 팬에 버터를 두르고 파인애플 병조림 과육을
 중약 불에서 2분간 볶아 접시에 덜어둔다.

5 ④의 팬을 닦고 다시 달군 후 팬에 식용유를 두르고
 ②를 넣어 센 불에서 앞뒤로 각각 1분씩 굽는다.

6 200℃로 예열된 오븐(미니 오븐 190℃)에 ⑤를 넣고
 속까지 익을 때까지 10분간 굽는다. 접시에 담고
 ④와 칠리 바비큐소스, 샐러드 채소를 곁들인다.

★ 다른 과일의 병조림 과육도 활용이 가능하다.

"식초는 다양한 샐러드에 드레싱으로 활용 가능해요"

바나나식초 드레싱의 샐러드

15~25분 / 2인분
- 샐러드 채소 60g
- 적양배추 1장(손바닥 크기, 30g)
- 당근 1/10개(20g)

바나나식초 드레싱
- 다진 양파 1/2큰술
- 포도씨유 3큰술
- 바나나식초(152쪽) 2큰술
- 레몬즙 1큰술
- 메이플시럽(또는 올리고당) 1큰술
- 소금 약간

1 샐러드 채소는 찬물에 씻어 체에 밭쳐 물기를 뺀다.
 한입 크기로 썬다.

2 적양배추, 당근은 0.5cm 두께로 채 썬다.

3 볼에 바나나식초 드레싱 재료를 넣고 섞는다.

4 접시에 샐러드 채소, 적양배추, 당근을 담고
 바나나식초 드레싱을 뿌린다.

★ 다른 식초도 활용이 가능하다.

"발효액은 고기 양념은 물론 각종 요리에
당류(설탕, 올리고당) 대신 넣으세요"

불고기

25~35분 / 2~3인분

- 쇠고기(불고기용) 400g
- 양파 1/2개(100g)
- 당근 1/4개(50g)
- 애느타리버섯 1줌(50g)
- 올리브유 1큰술

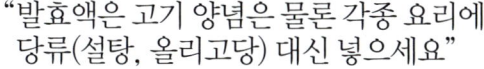

  양념
- 통깨 1큰술
- 다진 파 2큰술
- 청주 2큰술
- 배발효액(126쪽) 2큰술
- 양조간장 2큰술
- 굴소스(시판 제품 또는 만든 것, 178쪽) 1큰술
- 참기름 1과 1/2큰술
- 다진 마늘 2작은술
- 후춧가루 약간

1   쇠고기는 키친타월로 꾹꾹 눌러 핏물을 제거한 후 3등분한다.
   양파, 당근은 0.5cm 두께로 채 썬다.

2   애느타리버섯은 밑동을 제거해 잘게 찢는다.
   작은 볼에 양념 재료를 넣고 섞는다.

3   큰 볼에 쇠고기, 양파, 당근, 양념 1/2분량을 넣고
   가볍게 주물러 섞는다.

4   깊은 팬을 달궈 올리브유를 두르고 ③을 넣어 중간 불에서 3분간
   볶은 후 남은 양념과 애느타리버섯을 넣고 1분간 볶는다.

★ 다른 발효액도 활용이 가능하다.

"발효액은 나물무침, 겉절이,
볶음 요리 등에 활용하면 좋아요"

배추겉절이

20~30분 / 2~3인분

- 알배기배추 10장(손바닥 크기, 300g)
- 배 1/4개(100g)
- 굵은 소금 약간(절임용)

  양념
- 고춧가루 3큰술
- 취나물발효액(134쪽) 2큰술
- 다진 마늘 1과 1/2큰술
- 다진 생강 1/2큰술
- 멸치액젓 1과 1/2큰술
- 통깨 약간
- 굵은 소금 약간

1   알배기배추는 길게 2등분해 볼에 담고
   굵은 소금을 뿌려 10분간 절인다.
   찬물에 헹군 후 물기를 짠다.

2   배는 껍질을 벗겨 2×3×0.5cm 크기로 썬다.

3   큰 볼에 양념 재료를 넣고 골고루 섞는다.

4   ③에 알배기배추, 배를 넣고 골고루 버무린다.

★ 다른 발효액도 활용이 가능하다.

index

가나다 순

재료별

과일

감	158	석류	110, 145
귤	052, 058, 150, 162	오렌지	034, 056, 162
레몬	024, 058, 152	오미자	140, 163
매실	094, 142	유자	054
모과	062, 163	자몽	056
무화과	029	체리	046
바나나	028, 152	키위	144
배	107, 126	토마토	076, 170, 174
복숭아	040	파인애플	047
블루베리	024, 145	포도	025, 047, 160
사과	043, 058, 144, 156	딸기	022, 184
살구	042		

어패류

굴	112, 178
게	115
대하	114
전복	114

견과류

밤	032, 106
잣	172, 188
땅콩	036

채소

고추	078, 096	비트	072, 107
곰취	092	생강	064
깻잎	090	시금치	126
당근	072	쑥	135
대추	064, 142	옥수수	046
더덕	097	양파	072, 127
도라지	135	얼갈이배추	104
마늘	086 122, 192	연근	100
마늘종	087	오이	070, 084
무	072, 102, 106, 110, 124	인삼	065, 162
미나리	127	총각무	080
방풍나물	134	취나물	134, 152
배추	072, 106, 110	콩나물	126
버섯	082, 132, 196	파프리카	072

메뉴를 개발하고 소장가치 높은 요리책을 만듭니다 레시피팩토리

제철 재료의 맛과 멋을 담은 요리 & 음료 & 베이킹

싱그러운 계절의 맛
〈제철 재료를 가득 담은
사계절 베이킹〉

절임, 피클, 콤포트, 페스토까지!
재료에 맛과 향을 더하다
〈내일 더 맛있는 오늘의 마리네이드〉

SNS 인기 홈카페 음료의
비밀 노하우가 가득한
〈나만의 시크릿 홈카페〉

제철 재료로 만든
로푸드 스무디 100가지
〈한 잔이면 충분해! 로푸드 스무디〉

120가지 샐러드 & 100가지 드레싱
〈샐러드가 필요한 모든 순간
나만의 드레싱이 빛나는 순간〉 개정판

몸과 마음이 편안해지는
〈채식이 맛있어지는
우리집 사찰음식〉

반찬 걱정 끝! 밥상을 더 푸짐하게 해줄 반찬 & 국 & 찌개

친정엄마 밥상에서 막 독립한
요리 왕초보들을 위한 책
〈진짜 기본 요리책〉 완전 개정판

번거롭게 한 상 차릴 필요 없다
바로 만들어, 바로 즐기자
〈김치만 곁들이면 식사 준비 끝! 일품 반찬〉

꼭 필요한 김치 레시피,
김치 간 맞추기 비법까지 모두 담았다
〈어려운 김치는 가라〉

홈페이지 www.recipe-factory.co.kr 애독자 카페 cafe.naver.com/superecipe 카카오스토리 · 페이스북 레시피팩토리everyday
인스타그램 @recipefactory 네이버포스트 레시피팩토리 네이버TV · 유튜브 레시피팩토리TV

구입 및 문의 1544-7051, 온·오프라인 서점

좀 더 가볍고 건강한 요리

더 맛있게! 더 간편하게!
**〈에어프라이어로 시작하는
건강 다이어트 요리〉**

도시락 하나로 50만 팔로워와 소통하는
**〈아침 20분, 예쁜 다이어트 도시락
콩콩도시락〉**

실천하기 쉬워
평생 지속 가능한
〈대사증후군 잡는 2·1·1 식단〉

간단하지만 맛있게 즐기는 한 그릇

따뜻한 밥 위에
작은 정성을 올려 만든
〈소박한 덮밥〉

어렵게 느껴지는 이탈리아 피스디기 이닌
집에서 즐길 수 있는
〈소박한 파스타〉

요즘 대세는 한 그릇!
식사부터 일품, 간식, 안주까지
〈열 반찬 부럽지 않은 한 그릇 식사〉

기본 국수부터 맛집 국수까지,
탐나는 국수 레시피 65가지
〈오늘부터 우리 집은 국수 맛집〉

아이 소풍용, 온 가족 도시락용,
냉장고 털이용, 별미 김밥 레시피
〈무궁무진한 김밥의 맛〉

스타일리시한 샌드위치, 브런치, 음료까지
**〈샌드위치가 필요한 모든 순간
나만의 브런치가 완성되는 순간〉**

병 속에 담긴 사계절

1판 1쇄 펴낸 날	2015년 02월 25일
1판 7쇄 펴낸 날	2020년 01월 20일

편집장	이소민
책임편집	김민아
편집	김진우·김유미
레시피 검증	배정은·정민
아트 디렉터	원유경
디자인	장민성
사진	김덕창·박동민·박나연(Studio Da)
스타일링	최새롬(Styling ho, 어시스턴트 김혜진)
영업·마케팅	염금미·송지윤·김은하

고문	조준일
펴낸이	박성주

펴낸곳	(주)레시피팩토리
주소	서울특별시 송파구 올림픽로 35가길 10 (잠실더샵스타파크) B동 409호
독자센터	1544-7051
팩스	02-534-7019
홈페이지	www.recipe-factory.co.kr
독자카페	cafe.naver.com/superecipe
출판신고	2009년 1월 28일 제25100-2009-000038호

제작·인쇄	(주)대한프린테크

값 13,800원

ISBN 979-11-85473-04-8

Copyright ⓒ 방영아
이 책은 저작권법 및 저자와 (주)레시피팩토리의 독점계약에 의해 보호받는
저작물이므로 이 책에 실린 글, 레시피, 사진의 무단 전제와 무단 복제를 금합니다.

* 인쇄 및 제본에 이상이 있는 책은 구입하신 서점에서 교환해 드립니다.

소품 협찬
글라스락(uhasmall.com), 에잇컬러스(8colors.co.kr)
카인디쉬(kindish.com), 컨츄리앤하우스(countrynhouse.co.kr)
하우스라벨(houselabel.co.kr)